图解机械制造技能速成

钳工操作图解与技能训练

主　编　沈琪　周超

副主编　冯国民　龚跃明　莫国强

参　编　卢孔宝　姚丽　王平　王华

李良艺　何尧峰　周晓冬　黄祥

机械工业出版社

本书从学习与工作实际出发,分为钳工入门和钳工精通两大模块,涵盖从基础到提高、从入门到精通的钳工操作所需的知识与技能,包含11个项目,分别为:钳工操作概述,钳工常用量具的使用,钳工常用工具、刃具的使用,孔加工,螺纹加工,装配与调整,综合训练,钳工精密量具的使用,刮削与研磨,矫正与弯形,装配件的加工。本书能帮助读者全面快速地掌握钳工操作技能。

本书作者团队由全国数控技能大赛金牌选手、金牌教练、裁判员、监督员组成,所有成员均参加和指导过技能大赛,具有多年实践教学经验。本书适合企业钳工技能培训使用,也适合作为应用型本科院校、职业技术学院、中等职业技术学校的课程用书,还可供机械加工爱好者自学使用。

图书在版编目(CIP)数据

钳工操作图解与技能训练/沈琪,周超主编.—北京:机械工业出版社,2022.1

(图解机械制造技能速成)

ISBN 978-7-111-69962-0

Ⅰ.①钳… Ⅱ.①沈… ②周… Ⅲ.①钳工 – 职业教育 – 教材 Ⅳ.①TG9

中国版本图书馆 CIP 数据核字(2021)第 266451 号

机械工业出版社(北京市百万庄大街 22 号　邮政编码 100037)

策划编辑:李万宇　　　　　责任编辑:李万宇　王　良

责任校对:张　征　李　婷　封面设计:马精明

责任印制:单爱军

河北宝昌佳彩印刷有限公司印刷

2022 年 4 月第 1 版第 1 次印刷

169mm×239mm·14 印张·258 千字

标准书号:ISBN 978-7-111-69962-0

定价:45.00 元

电话服务　　　　　　　　网络服务

客服电话:010-88361066　机　工　官　网:www.cmpbook.com

　　　　　010-88379833　机　工　官　博:weibo.com/cmp1952

　　　　　010-68326294　金　书　网:www.golden-book.com

封底无防伪标均为盗版　机工教育服务网:www.cmpedu.com

前　言

PREFACE

　　为满足高技能钳工操作人才的培养需求，本书在介绍划线、锯削、錾削、锉削、攻螺纹、套螺纹、刮削、研磨、矫正和弯形等钳工操作过程中所必备的工具、刃具使用技能的同时，结合任务要求和生产实际，着重介绍了游标卡尺、千分尺、游标万能角度尺、百分表、水平仪、标准块和正弦规等量具的使用。本书内容由浅入深、由易到难，采用图文结合的方式进行编写，使内容掌握变得更加容易。本书项目 11 有典型的钳工操作综合技能练习图，供读者自行练习，检验学习成果。

　　本书以图解为表现手法，通过项目任务引领，以实际零件、竞赛项目和典型案例为依托，以解决实际问题为导向，内容安排从图样识读、工艺安排制定，到所需技能的知识梳理，再到操作技能的掌握练习，由浅入深，层层递进。安排制定工艺时，根据不同零件的加工需求合理选择所需工具、量具、刃具，结合图解进行操作，旨在帮助读者培养认识问题、分析问题、解决问题的能力，拓展自身职业核心能力。

　　本书由杭州市临平职业高级中学沈琪、周超、莫国强、姚丽、王平、王华、李良艺、何尧峰、黄祥、周晓冬，杭州市余杭区教育局教学研究室冯国民，平湖技师学院龚跃明，浙江水利水电学院卢孔宝编写，沈琪、周超任主编，冯国民、龚跃明、莫国强任副主编。全书由莫国强进行统稿。具体分工：模块 1 项目 1、2 由沈琪编写，模块 1 项目 3、4 由莫国强编写，模块 1 项目 5 由冯国民、卢孔宝编写，模块 1 项目 6、7 由周超编写，模块 2 项目 8、9 由冯国民、龚跃明、姚丽、王平、王华编写，模块 2 项目 10、11 由李良艺、何尧峰、黄祥、周晓冬编写。本书在编写过程中参考了其他部分同行的著作，编者在此向相关作者表示衷心的感谢！

　　本书在编写过程中虽然力求完善并经过反复校对，书中所有案例也均进行了实际操作验证，但因编者水平有限，书中难免存在不足和疏漏之处，敬请广大读者批评指正，以便改正。也欢迎大家加强交流，共同进步。

　　编者邮箱：391109414@qq.com。

编　者

目　录
CONTENTS

模块 1 钳工入门

钳工操作概述

【学习目标】

    1. 了解钳工操作的基本技能。

    2. 了解常用工、量具种类及名称。

    3. 掌握钳工必要的识图知识。

    4. 掌握钳工的安全文明操作。

任务 1.1　钳工操作内容

一、任务目标

1）了解钳工发展中形成的不同分工。

2）了解钳工操作有哪些基本技能。

二、任务相关知识点

随着机械工业的不断发展，机械制造业有了各种先进的加工方法，但是作为起源最早、技术性很强的钳工来说，在制造业中其作用还是要贯穿于机械产品加工的始末。图 1.1-1 所示为一个冲压模具，在模具整个生产过程中涉及的零件的划线、钻孔、攻螺纹、去毛刺、装配及模具使用中出现问题后的维修等，都需要由钳工来操作。在实际工作中，通常将钳工细分为以下几种：普通钳工、机修钳工、装配钳工、模具钳工、钣金钳工、工具

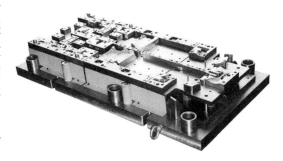

图 1.1-1　冲压模具

钳工。

无论哪一种钳工，都需掌握基本操作技能，钳工基本操作技能见表1.1-1。

表1.1-1　钳工基本操作技能

序号	基本技能	图　　示
1	划线	a) 量取尺寸　　　b) 测量工件 c) 划直线
2	錾削	a) 錾削薄板　　　b) 錾断条料　　　c) 錾削窄平面
3	锯削	

（续）

序号	基本技能	图　示
4	锉削	a) 运动开始位置　　　　　b) 运动中间位置 c) 运动终了位置　　　　　d) 运动回程时
5	钻、扩孔	a) 钻孔　　　　　b) 扩孔
6	铰孔	a) 机铰圆柱孔(在钻床上)　　　　　b) 手铰圆柱孔(台虎钳)

（续）

序号	基本技能	图　示
7	锪孔	 a) 锪圆柱沉孔　　b) 锪圆锥沉孔　　c) 锪平面
8	攻螺纹	
9	套螺纹	

（续）

序号	基本技能	图 示
10	矫正与弯形	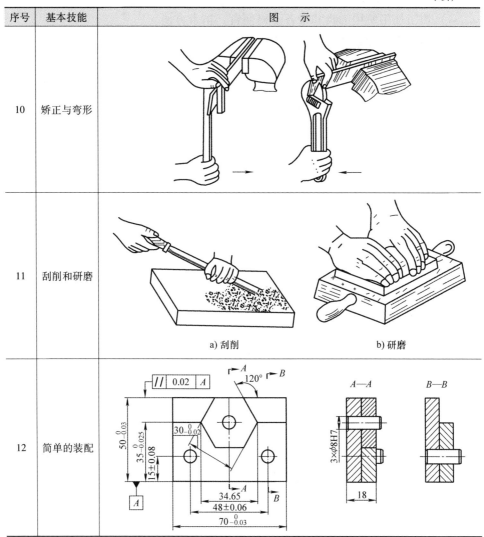
11	刮削和研磨	a) 刮削　　　　　　　　b) 研磨
12	简单的装配	

要掌握上述操作技能，首先应具备一定的机械识图能力，掌握一定的极限与配合知识，能较熟练地使用各类常用测量量具，具有一定的金属材料与热处理的基本知识，以及具有一定的金属加工等基础常识。其中，以图样的识读，常用工、量具的使用及测量方法的掌握为最基本。

从钳工的操作性质来看，钳工操作具有以下特点：

1）钳工是从事比较复杂、细微、工艺要求较高的以手工操作为主的工作。

2）钳工工具简单，操作灵活，可以完成用机械加工不方便或难以完成的工作。

3）钳工可加工形状复杂和高精度的零件。

4）钳工加工所用工具和设备价格便宜，携带方便。

5）钳工生产效率低，劳动强度大。

6）钳工工作质量的高低取决于钳工技术熟练程度的高低。

7）不断的技术创新，改进工具、量具、夹具、辅具和工艺，以提高劳动生产率和产品质量，也是钳工的重要工作。

任务 1.2　钳工常用工、量具简介

一、任务目标

1）了解常用工具的种类及名称。

2）了解常用量具的种类及名称。

二、任务相关知识点

由于细分的职业钳工的工作性质多有不同，因此不同的钳工其所使用的加工设备与工量具也有所不同，其共同常用的工、量具见表 1.2-1。

表 1.2-1　常用工、量具

分类	工具、量具名称
划线工具	划线平台、划针、划规、样冲、划线盘、游标高度尺、分度头、千斤顶、方箱、V 形块
锯削工具	手锯、锯条
錾削工具	锤子、錾子
锉削工具	锉刀
孔加工工具	钻床、手电钻、麻花钻、扩孔钻、锪钻、铰刀、倒角钻
螺纹工具	铰杠、丝锥、板牙架、板牙
刮研工具	刮刀、校准平板
研磨工具	研磨平板、研磨圆盘、研磨棒、研磨环、研磨剂
矫正和弯形工具	矫正平板、铁砧、锤子、铜棒、木槌
铆接工具	压紧冲头、罩模、顶模、气铆枪、锤子、铆钉
装配工具	螺钉旋具、扳手（包括活扳手、呆扳手、内六角扳手等）、拔销器、卡簧钳、轴承拆卸工具、锤子、铜棒
通用量具	钢直尺、游标卡尺、千分尺、游标万能角度尺、百分表
专用量具	90°角尺、刀口形直尺、塞规、半径规、塞尺
精密量具	千分表、量块、正弦规、水平仪

在钳工操作中还需要借助以下工装设备：

1. 钳工台

钳工常用工作台（也称钳工台或钳工桌）如图 1.2-1 所示，钳工台其主要作用是安装台虎钳和存放钳工常用工、夹、量具。

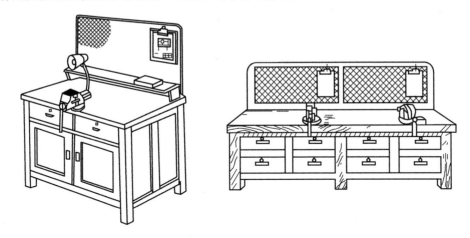

图 1.2-1　钳工工作台

2. 台虎钳

台虎钳是用来夹持工件的通用夹具，其规格用钳口宽度来表示，常用规格有 100mm、125mm 和 150mm 等。

台虎钳有固定式和回转式两种，如图 1.2-2 所示，两者的主要结构和工作原理基本相同，两者的不同点是回转式台虎钳比固定式多了个底座，工作时钳身可在底部回转，因此使用方便，应用范围广，可满足不同方位的加工需要。

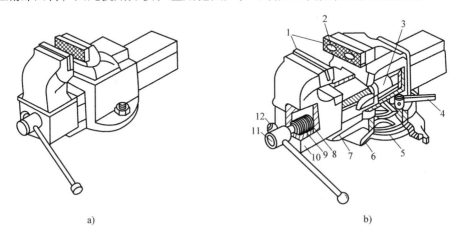

a)　　　　　　　　　　　　　　　　　　　b)

图 1.2-2　台虎钳

a）固定式　b）回转式

1—钳口　2—螺钉　3—螺母　4、12—手柄　5—夹紧盘　6—转盘座

7—固定钳身　8—挡圈　9—弹簧　10—活动钳身　11—丝杠

使用台虎钳的注意事项：

1）夹紧工件时要松紧适当，只能用手扳紧手柄，不得借助其他工具加力。

2）强力作业时，应尽量使力朝向固定钳身。

3）不许在活动钳身和光滑平面上进行敲击作业。

4）对丝杠、螺母等活动表面应经常清洗、润滑，以防生锈。

3. 砂轮机

砂轮机是用来刃磨各种刀具、工具的常用设备，由电动机、砂轮机座、托架和防护罩等部分组成，如图 1.2-3 所示。砂轮较脆，转速又很高，使用时应严格遵守以下安全操作规程：

1）砂轮机的旋转方向应正确，只能使磨削下来的切屑向下飞离砂轮。

2）砂轮机起动后，应在砂轮机旋转平稳后再进行磨削。若砂轮机跳动明显，应及时停机修整。

3）砂轮与托架之间的距离应保持 3mm 以内，以防工件扎入造成事故。

4）磨削时应站在砂轮机的侧面，且用力不宜过大。

4. 台式钻床

台式钻床简称台钻，如图 1.2-4 所示，它结构简单，操作方便，常用于小型工件钻、扩直径 12mm 以下的孔。

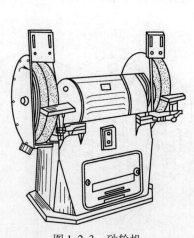

图 1.2-3 砂轮机

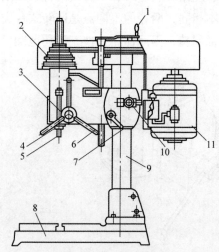

图 1.2-4 台式钻床

1—机头升降手柄 2—V 带轮 3—头架 4—锁紧螺母
5—主轴 6—进给手柄 7—锁紧手柄
8—底座 9—立柱 10—紧固螺钉 11—电动机

5. 立式钻床

立式钻床简称立钻，如图 1.2-5 所示，主要用于钻、扩、锪、铰中小型工件上的孔及攻螺纹等。

6. 摇臂钻床

摇臂钻床如图1.2-6所示，主要用于大、中型工件的孔加工。其特点是操纵灵活、方便，摇臂不仅能升降，而且还可以绕立柱做360°的旋转。

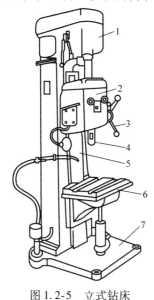 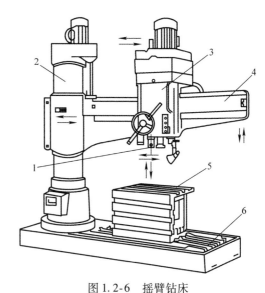

图1.2-5　立式钻床　　　　　　　　图1.2-6　摇臂钻床

1—主轴变速箱　2—进给箱　3—进给手柄　　　1—主轴　2—立柱　3—主轴箱

4—主轴　5—立柱　6—工作台　7—底座　　　4—摇臂　5—工作台　6—底座

任务1.3　钳工必要的识图能力

一、任务目标

1）了解图样中的投影关系。

2）掌握三视图的识读方法。

3）掌握视图中尺寸的正确读取方法。

4）掌握识图的基本步骤。

二、任务分析

图1.3-1~图1.3-4分别为三张零件图和一张装配图，其中零件图分别为钳工操作训练加工件及加工中常见的盘形类零件和轴类零件，是机械加工中最常见的加工零件类型，而装配图是常用的机械式千斤顶。根据钳工不同的分类情况，工具钳工要求熟练的识读图1.3-1，机修钳工应熟练识读三张零件图，而对于装配钳工更应掌握装配图的识读，了解零件与零件间的装配关系。

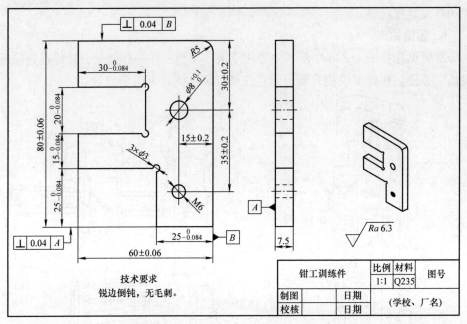

图 1.3-1　钳工训练件

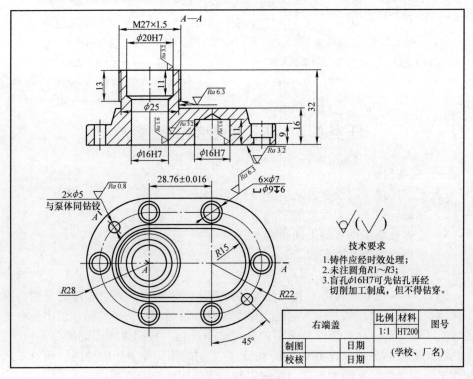

图 1.3-2　右端盖

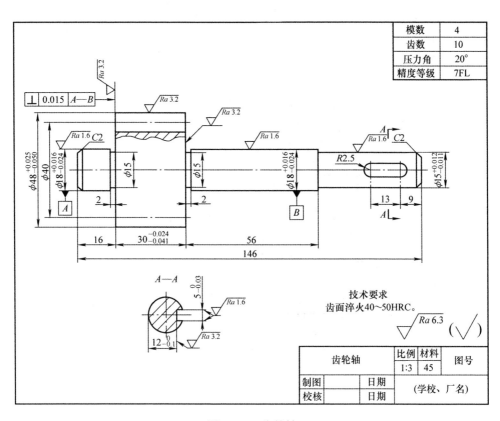

模数	4
齿数	10
压力角	20°
精度等级	7FL

技术要求
齿面淬火40～50HRC。

齿轮轴	比例	材料	图号
	1:3	45	
制图		日期	（学校、厂名）
校核		日期	

图 1.3-3　齿轮轴

三、任务实施

（一）识读零件图 1.3-1 完成以下练习题：

1. 该零件的材料是_____，比例是_____。

2. 该零件总长_____，总宽_____，厚度_____。

3. 其中 $\phi 8^{+0.1}_{0}$ 定位尺寸是_____和_____。

4. 尺寸 $30^{0}_{-0.084}$ 的公称尺寸是_____，上极限尺寸是_____，下极限尺寸是_____，公差值是_____；

5. ⊥ 0.04 B 该公差项目为_____，公差值为_____。

（二）识读零件图 1.3-2 完成以下练习题：

1. 该零件的名称叫_____，比例是_____。

2. 该零件采用了_____个图形，主视图是_____视图，其剖切平面的形式是_____。

3. 该零件的外形轮廓由_____段圆弧和_____段线段连接而成，其已

13

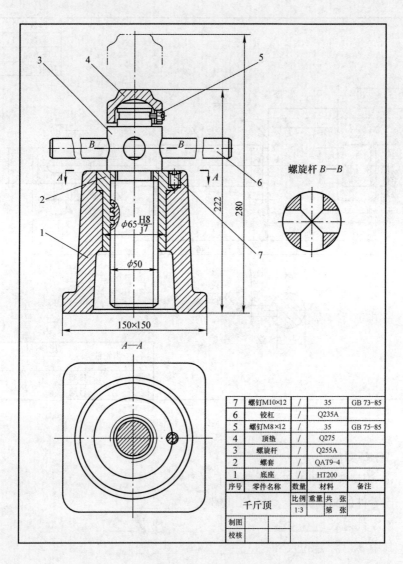

螺旋杆 B—B

7	螺钉M10×12	/	35	GB 73-85
6	铰杠		Q235A	
5	螺钉M8×12	/	35	GB 75-85
4	顶垫		Q275	
3	螺旋杆		Q255A	
2	螺套	/	QAT9-4	
1	底座	/	HT200	
序号	零件名称	数量	材料	备注

千斤顶	比例	重量	共 张
	1:3		第 张
制图			
校核			

图 1.3-4　千斤顶

知圆弧半径为_____，定位尺寸是_____。

4. 尺寸 $\dfrac{6\times\phi7}{\sqcup\phi9\bar{\mathbf{\mp}}6}$ 表示_____个沉孔，其中沉孔直径_____，深_____。

5. 该零件上表面粗糙度值要求最高的是 Ra _____，其外轮廓表面的表面粗糙度代号是_____。

6. 该零件的制造材料是 HT200，其中 200 表示_____为_____，HT 的含义为_____。

（三）识读零件图 1.3-3 完成以下练习：

1. 该零件的名称叫_____，材料是_____，比例是_____，属于_____比例。

2. 该零件采用了_____个图形，其中 A—A 是_____图。

3. 该零件的轴向基准为_____，其中 C2 表示_____。

4. ⊥ | 0.015 | A—B | 表示基准要素为_____，被测要素为_____，公差项目为_____，公差值为_____。

5. 该轴上的齿轮有____个齿，模数是_____，压力角为_____，分度圆直径为_____。

6. 该轴上的键槽宽为_____，深_____，键槽工作面的表面粗糙度值为_____。

7. 尺寸 $\phi 48^{+0.025}_{-0.050}$ 的公称尺寸是_____，上极限尺寸是_____，下极限寸是_____，公差值是_____。

（四）识读装配图 1.3-4 完成以下练习：

1. 本装配件的总体尺寸为：总长_____，总宽_____，总高_____。

2. 本装配图采用了____个图形来表达，主视图采用_____视图；B—B 为_____图。

3. 本装配件总共由_____个零件组成，其中底座材料为_____。

4. 本装配图所标注的尺寸中，属于配合尺寸的是_____，其采用_____制配合。

5. 本千斤顶的最大工作距离为_____，通过件____转动件_____来实现升降。

四、任务相关知识点

1. 投影的基本知识

（1）投影的概念　投影是从日常生活中抽象出来的，如太阳和灯光照射物体，所得的影子就是物体在平面上的投影。投影必须具备光源、被投影对象和投影面。工程中常用的投影方法有以下两种：

1）中心投影：用点光源照射物体所得的投影，不能反映物体的真实大小，投影大于实体。

2）正投影：用平行且垂直于投影面的光线照射物体所得的投影为正投影，投影与实体轮廓相同。机械制图一般均采用正投影方法，如图 1.3-5 所示。

（2）角法　目前世界上采用的是第一角法和第三角法，它们均符合 ISO 国际标准。

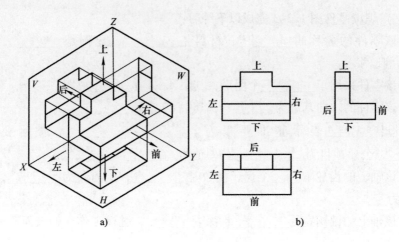

图 1.3-5　正投影规律

1) 第一角法：我国和德国等国家和地区采用，光源→物→投影面。

2) 第三角法：美国、欧洲、日本等国家和地区采用，光源→（透明）投影面→物

2. 图样的构成

（1）边框线　粗实线画的方框。

（2）标题栏　包括零件名称、图号、比例、材料、单位、公差、版次、日期、投影方式等。

（3）技术要求　对零件的外观、性能及一些特殊要求进行说明（如表面粗糙度、尺寸公差、表面处理、未注 R 角等）。

（4）视图　按照空间的六个方位，分为主、左、俯、右、仰、后视图，另外还有剖视图和局部视图等。

（5）尺寸标注　由尺寸线、尺寸界线、数字和箭头组成，不能漏标和重标。

3. 视图

（1）基本视图　向空间六个投影面投影所得的视图，包括主、俯、左、右、仰、后视图。

（2）局部视图　为了表达零件的某一部分而向基本投影面投影所得的视图，称为局部视图，用 "A、B、C" 及带字母的箭头标明部位和投影方向，局部放大图须注明放大比例。

（3）旋转视图　当零件的倾斜部分具有明显的回转轴线时，为了反映倾斜部位的实际尺寸，可假想将倾斜部分旋转到与某一投影面平行后再投影。

（4）剖视图　顾名思义，剖视图的形成包括 "剖" 和 "视" 两个过程，即

用一个剖切平面将零件的某个部位剖开，移开剖切平面和观察者之间的部分，将剩下的部分向投影面投影，并在剖切到的断面上画出剖面符号即 45°剖面线。

1）全剖：用剖切平面将零件完全剖开后所得的视图。

2）半剖：对于前后或左右对称的零件，可沿对称线只剖一半，一半表达外形，一半表达内形。

3）局部剖：将零件的局部剖开，表达其内部结构，用波浪线分界剖切范围。

（5）断面图　假想用一个剖切平面将零件某部分切断，只画断面的真实形状，并画上剖面线，这个图形就叫断面图，断面只画断面形状，而剖视必须画出所能看到轮廓的投影。

移出断面图：画在视图轮廓线外面的断面图。

重合断面图：画在视图轮廓线之内的断面图。

4. 尺寸

（1）定形尺寸　确定零件各部分大小形状的尺寸。

（2）定位尺寸　确定零件各部位之间相对位置的尺寸。

（3）总体尺寸　零件的外形尺寸。

（4）尺寸基准　标注尺寸的起点。

（5）单位　一般为公制，毫米（mm），无须注明；英制为英寸（in），必须注明；1in = 25.4mm。

（6）数字　水平尺寸的数字方向向上，垂直尺寸的数字方向向左。

（7）公称尺寸　图样上给定的理想形状要素的尺寸。

（8）实际尺寸　加工后实际测量的尺寸。

（9）极限尺寸　允许尺寸变动的两个界限值，分为上、下极限尺寸。

（10）尺寸公差　允许尺寸变动的范围，上极限尺寸 – 下极限尺寸 = 公差，俗称公差带。

（11）尺寸偏差　分为上极限偏差和下极限偏差；上极限偏差 = 上极限尺寸 – 公称尺寸；下极限偏差 = 下极限尺寸 – 公称尺寸。

5. 几何公差

国家标准规定几何公差共有 14 个项目，其中形状公差 6 个项目，跳动公差 2 个项目，方向公差 3 个项目，位置公差 3 个项目。各公差项目名称和符号见表 1.3-1。

表 1.3-1　几何公差类型

公差类型	几何特征	符号	有无基准	公差类型	几何特征	符号	有无基准
形状公差	直线度	——	无	方向公差	垂直度	⊥	有
	平面度	▱	无		倾斜度	∠	有
	圆度	○	无	位置公差	同轴度	◎	有或无
	圆柱度	⌀	无		对称度	═	有
	线轮廓度	⌒	有或无		位置度	⊕	有
	面轮廓度	⌓	有或无	跳动公差	圆跳动	∕	有
方向公差	平行度	∥	有		全跳动	⌰	有

6. 表面粗糙度

零件加工后表面凹凸不平的程度，用 ∨ 表示，Ra 为粗糙度参数，Ra 值越大，越粗糙。

7. 标准公差

国标中规定的公差有 20 级，IT01~IT18，主要出现在国内图样上。在技术要求里面要标明未注线性尺寸公差为 IT 几级，查标准公差值表，注意尺寸段的要求，如 0~3，3~6，6~10，10~18 等，尺寸越大，公差值越大。查出的公差值除以 2 就是上、下极限偏差，如查出数值为 0.36，即公差值为 ±0.18mm。

8. 常用代号和特殊标注

（1）常用代号　R——半径；Φ——直径；SR——球半径；$S\Phi$——球直径；M——普通螺纹。

（2）螺纹的标注，见表 1.3-2。

表 1.3-2　螺纹的标注

类型		特征代号	标注举例
普通螺纹	粗牙	M	M16-5g6g 表示粗牙普通螺纹，公称直径 16mm，右旋，螺纹公差带中径 5g，大径 6g，旋合长度按中等长度考虑
	细牙	M	M16×1 LH-6G 表示细牙普通螺纹，公称直径 16mm，螺距 1mm，左旋，螺纹公差带中径、大径均为 6G，旋合长度按中等长度考虑

（续）

类型		特征代号	标注举例
管螺纹	55°非密封管螺纹	G	G1 表示寸制非密封管螺纹，尺寸代号 1，右旋
	55°密封管螺纹	Rc	Rc 1/2 表示寸制密封锥管螺纹，尺寸代号 1/2，右旋
梯形螺纹		Tr	Tr20×8（P4）表示梯形螺纹，公称直径 20mm，双线，导程 8mm，螺距 4mm，右旋
锯齿形螺纹		B	B20×2 LH 表示锯齿形螺纹，公称直径 20mm，单线，螺距 2mm，左旋
非标螺纹			汉光 280-A 旧款阀体的 18 牙惠氏管螺纹

注：在螺纹标准后加"LH"为左旋。

9. 识图的基本步骤

（1）看标题栏　首先通过标题栏，了解零件的名称、比例、材料和投影方法等。

（2）分析视图　先找主视图，然后看零件采用的是什么表达方法，弄清楚各视图的投影关系。找到剖视图、断面图的剖切位置和局部视图的位置及投影方向，然后分析主视图及各视图的表达重点。

（3）分析形体　用形体分析法分析零件的结构形状，在搞清视图关系的基础上，根据图形特点，通常把零件分解成几大部分，然后根据基本形体把各部分的形状想象出来，再对各细小结构进行分析，然后将细小结构和几大部分综合起来想象出零件的整体形状。

（4）识读零件尺寸　综合分析视图和形体，找出零件长、宽、高三个方向尺寸的主要基准，然后从基准出发，以结构形状分析为线索，再了解各形体的定形尺寸和定位尺寸，弄清各个尺寸的作用。

（5）了解技术要求　识图时应弄清楚表面粗糙度、尺寸公差、热处理、表面处理及其他一些特殊要求。

以上步骤可简单概括为：一看标题栏、二析视图、三想形状、四读尺寸、五识要求、最后综合。特别要注意的是，视图和尺寸是从形状及大小两方面表达零件的，识图时一定要把视图、尺寸和形状结构三者结合起来分析。

任务 1.4 安全文明操作及管理

一、任务目标

掌握钳工的安全文明操作。

二、任务相关知识点

1. "7S"管理学习

7S 就是整理（Seiri）、整顿（Seiton）、清扫（Seiso）、清洁（Seiketsu）、素养（Shitsuke）、安全（Security）和节约（Save）七个项目，因均以"S"开头，简称 7S。

（1）整理（Seiri） 将工作场所的任何物品区分为有必要和没有必要的，除了有必要的留下来，其他的都清理掉。

目的：腾出空间，空间活用，防止误用，塑造清爽的工作场所。

（2）整顿（Seiton） 把留下来的必要的物品依规定位置摆放，并放置整齐加以标示。

目的：工作场所一目了然，消除寻找物品的时间，创造整整齐齐的工作环境，消除过多的积压物品。

（3）清扫（Seiso） 将工作场所内看得见与看不见的地方清扫干净，保持工作场所干净，营造敞亮的工作环境。

目的：稳定品质，减少工业伤害。

（4）清洁（Seiketsu） 维持上面的 3S 成果。

（5）素养（Shitsuke） 每位成员养成良好的习惯，并按照规则做事，培养积极主动的精神（也称习惯性）。

目的：培养有好习惯、遵守规则的员工，营造团队精神。

（6）安全（Security） 重视成员安全教育，每时每刻都有安全第一观念，防患于未然。

目的：建立起安全生产的环境，所有的工作应建立在安全的前提下。

（7）节约（Save） 就是对时间、空间和能源等方面合理利用，以发挥它们的最大效能，从而创造一个高效率的、物尽其用的工作场所。

目的：使学生养成节约的好习惯。

2. 安全教育及操作规程

（1）工作时必须穿好工作服，否则不准上岗。

（2）使用的机床、工具（如钻床、砂轮机和手电钻等）要经常检查，发现损坏或故障要及时报修，在未修好前不得使用。

（3）使用电动工具时，要有绝缘防护和安全接地措施。使用手砂轮时，要戴好防护眼镜。在钳台上进行錾削时要有防护网。清除切屑时要用铁刷子，不得直接用手或棉纱清除，更不能用嘴吹。

（4）毛坯和已加工零件应放置在规定位置，排列整齐平稳，保证安全，便于取放，并避免碰伤已加工工件表面。

（5）工、量具的摆放，应该满足下列要求：

1）在钳工台上工作时，工、量具应按次序排列整齐。一般为了取用方便，右手取用的工具放在台虎钳右侧，左手取用的工具放在左侧，量具放在台虎钳的右前方。也可以根据加工情况把常用工具放在台虎钳的右侧，其余的放在左侧。但不管如何放置，工、量具不能超出工作台的边缘，以防止活动钳身的手柄旋转时碰到而发生事故。

2）量具在使用时不可与工具或工件混放在一起，应放在量具盒上或放在专用的板架上。

3）工具在使用时要摆放整齐，以方便取用，不能乱放，更不能叠放。

4）工、量具要整齐放在工具箱内，并有固定的位置，不得任意堆放，以防损坏和取用不便。

5）量具每天使用完毕后应擦拭干净，做一定的保养，并放在专用的盒内。

（6）工作场地应保持整洁、卫生。

工作完毕后，使用过的设备和工具都要按要求进行清理和涂油，工作场地要清扫干净，铁屑、铁块和垃圾等要分别倒在指定的位置。

（7）其他注意事项：

1）严格按照"7S"管理进行操作。

2）遵守纪律，安全第一，思想集中。保证实习教育正常进行。

3）严格遵守操作规范，杜绝违章操作。

4）听从安排，不经许可不得操作任何设备。

5）进入工作实习场地，女同学必须戴好工作帽。

6）统一着装，穿戴好工作服、劳保鞋进入工作实习场地。

7）在操作钻床和砂轮机时，不准戴手套。

8）不准两人同时操作一台钻床。

9）紧急情况时应及时切断电源，不要慌张。

10）坚守岗位，不准串岗、闲聊，机床开动后，不准私自离开，要离开需切断电源。

11）夹头钥匙用毕应及时取下，夹头钥匙未拿下严禁开机。

钳工常用量具的使用

【学习目标】

1. 掌握游标卡尺的结构原理、读数方法及其应用。
2. 掌握千分尺的结构原理、读数方法及其应用。
3. 掌握游标万能角度尺的结构原理、读数方法及其应用。
4. 了解专用量具的测量对象。
5. 掌握专用量具的测量方法。
6. 了解各量具的维护与保养。

任务 2.1   游标卡尺的使用

一、任务目标

1）了解游标卡尺的结构及刻线原理。

2）掌握游标卡尺的读数方法。

3）掌握游标卡尺的测量方法。

4）熟悉游标卡尺的维护和保养。

二、任务分析

从图 2.1-1 中可以看出，该零件属于轴套类零件，径向尺寸各端直径均以轴线为标注尺寸的基准，长度方向以套筒左端面为主要尺寸基准，外圆 $\phi25mm$ 左端面为尺寸基准，这样加工、测量都比较方便。该套筒测量的项目有以下几项：外径 $\phi30mm$、$\phi25mm$、$\phi19mm$，内径 $\phi20mm$，$\phi10mm$，长度方向尺寸有工件总长 80mm、阶台孔 $\phi20mm$ 的深度 8mm、沟槽宽度 5mm 和左端 $\phi30mm$ 的外圆长度 25mm。以上这些尺寸当零件精度要求不高时都可以直接用游标卡尺来测量。

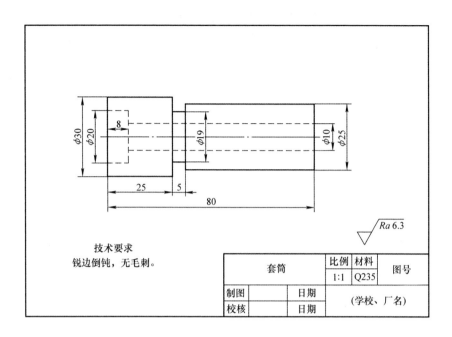

图 2.1-1　套筒图样

三、任务相关知识点

1. 量具的类型

用来测量、检验机件及产品尺寸和形状的工具叫作量具，是专门用来测量零件尺寸、检验零件形状或安装位置的工具。量具对零件加工质量或产品质量的保证有着很重要的作用。根据其用途和特点，量具可分为三种类型：

（1）标准量具　这类量具只能制成某一固定尺寸，通常用来校对和调整其他量具，也可以作为标准与被测量件进行比较，如量块等。

（2）专用量具　这类量具不能测量出实际尺寸，只能测定零件和产品的形状及尺寸是否合格，如卡规、塞规等。

（3）万能量具　这类量具一般都有刻度，在测量范围内可以测量零件和产品形状及尺寸的具体数值，如游标卡尺、千分尺、和游标万能角尺等。

2. 长度计量单位

为了保证测量的正确性，必须保证测量过程中单位的统一，为此我国以国际单位制为基础确定了法定的计量单位。我国的法定计量单位中，长度的计量单位为米（m），它是十进制。机械制造中常用的长度计量单位为毫米（mm）。

目前我国法定的长度计量单位名称和代号见表 2.1-1。

表 2.1-1　我国法定的长度计量单位

单位名称	符号	对基准单位的比
米	m	基准单位
分米	dm	10^{-1}m（0.1m）
厘米	cm	10^{-2}m（0.01m）
毫米	mm	10^{-3}m（0.001m）
（丝米）①	dmm	10^{-4}m（0.0001m）
（忽米）①	cmm	10^{-5}m（0.00001m）
微米	μm	10^{-6}m（0.000001m）
纳米	nm	10^{-9}m（0.000000001m）

①丝米、忽米不是法定计量单位，工厂里有时采用。其中忽米在工厂中又称为"丝"。

在实际工作中，特别在维修时还会遇到英制尺寸，常用的有英尺（ft）和英寸（in），其换算关系为

$$1ft = 12in$$

在机械制造中英制尺寸常以英寸为主要计量单位，并用整数或分数表示，比如 3/8in。为了方便起见，可将英制尺寸换算成米制尺寸，其关系是 1in = 25.4mm。

3. 游标卡尺

游标卡尺是一种适合测量中等精度尺寸的量具，可以直接量出工件的外径、孔径、长度、宽度、深度和孔距等尺寸。

（1）游标卡尺的结构　两种常用游标卡尺的结构形式如图 2.1-2 所示。如图 2.1-2a 所示，游标卡尺由尺身 1 和游标 2 组成，3 是辅助游标。松开螺钉 4 和 5 即可推动游标在尺身上移动，通过两个量爪 9 可测量尺寸。需要微动调节时，可拧紧螺钉 5 紧固，松开螺钉 4，转动微动螺母 6，通过小螺杆 7 使游标微动。量得尺寸后，可拧紧螺钉 4 使游标紧固。游标卡尺上端有两个量爪 8，可用来测量齿轮公法线长度和孔距尺寸。下端两量爪 9 的内侧面可测量外径和长度；外侧面是圆弧面，可测量内孔或沟槽。图 2.1-2b 所示的分度值为 0.02mm 的游标卡尺，上端两爪可测量孔径、孔距及槽宽，下端两量爪可测量外圆和长度等，还可用尺后的测深杆测量内孔和沟槽深度。

（2）游标卡尺的刻线原理　游标卡尺按其测量精度，有 $\frac{1}{20}$mm（0.05mm）和 $\frac{1}{50}$mm（0.02mm）两种。

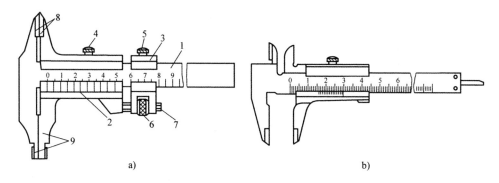

图 2.1-2 游标卡尺

a) 可微动调节的游标卡尺 b) 带测深杆的游标卡尺

1) $\frac{1}{20}$ mm 游标卡尺。尺身上每小格是 1mm，当两量爪合并时，游标上的 20 格刚好与尺身上的 19mm 对正，如图 2.1-3 所示。因此，尺身与游标每格之差为：1mm – $\frac{19}{20}$ mm = 0.05mm，此差值即为 $\frac{1}{20}$ mm 游标卡尺的测量精度。

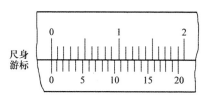

图 2.1-3 $\frac{1}{20}$ mm 游标卡尺刻线原理

2) $\frac{1}{50}$ mm 游标卡尺。尺身上每小格是 1mm，当两量爪合并时，游标上的 50 格刚好与尺身上的 49mm 对正，如图 2.1-4 所示。因此，尺身与游标每格之差为：1mm – $\frac{49}{50}$ mm = 0.02mm，此差值即为 $\frac{1}{50}$ mm 游标卡尺的测量精度。

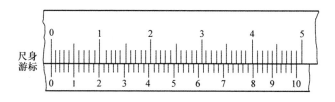

图 2.1-4 $\frac{1}{50}$ mm 游标卡尺刻线原理

（3）游标卡尺的读数和使用方法

1) 读数方法。找出游标上零线以左的主尺上最大整毫米数，这是被测尺寸的整数读数。找出游标上与主尺对齐的那条刻线，即得到被测尺寸的小数读数。两者之和为被测尺寸，如图 2.1-5 所示。

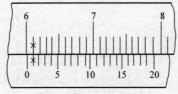

60mm+0.05mm=60.05mm   22mm+0.5mm=22.5mm

图 2.1-5 $\frac{1}{20}$ mm 游标卡尺的读数方法

2）使用方法。量具使用得是否合理，不但影响量具本身的精度，且直接影响零件尺寸的测量精度，使用不当甚至发生质量事故，造成不必要的损失。所以，必须重视量具的正确使用，对测量技术精益求精，务使获得正确的测量结果，确保产品质量。使用游标卡尺测量零件尺寸时，必须注意下列几点：

① 测量前应把卡尺揩干净，检查卡尺的两个测量面和测量刃口是否平直无损，把两个量爪紧密贴合时，应无明显的间隙，同时游标和尺身的零位刻线要相互对准。这个过程称为校对游标卡尺的零位。

② 移动尺框时，活动要自如，不应有过松或过紧现象，更不能有晃动现象。用固定螺钉固定尺框时，卡尺的读数不应有所改变。在移动尺框时，不要忘记松开固定螺钉，也不宜使固定螺钉过松以免掉落。

③ 当测量零件的外尺寸时，卡尺两测量面的连线应垂直于被测量表面，不能歪斜，如图 2.1-6 所示。测量时，可以轻轻摇动卡尺，放正垂直位置，否则，量爪若在如图 2.1-7 所示的错误位置上，将使测量结果 a 比实际尺寸 b 大；先把卡尺的活动量爪张开，使量爪能自由地卡进工件，把零件贴靠在固定量爪上，然后移动尺框，用轻微的压力使活动量爪接触零件。如果卡尺带有微动装置，此时可拧紧微动装置上的固定螺钉，再转动调节螺母，使量爪接触零件并读取尺寸。决不可把卡尺的两个量爪调节到接近甚至小于所测尺寸，把卡尺强制地卡到零件上去，这样做会使量爪变形，或使测量面过早磨损，使卡尺失去应有的精度。

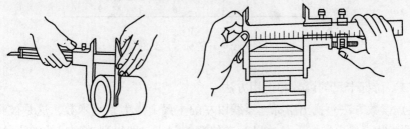

图 2.1-6 游标卡尺的正确测量

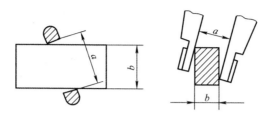

图 2.1-7　游标卡尺的错误测量

④ 测量沟槽时，应当用量爪的平面测量刃进行测量，尽量避免用端部测量刃和刀口形量爪去测量外尺寸。而对于圆弧形沟槽尺寸，则应当用刃口形量爪进行测量，不应当用平面形测量刃进行测量，如图 2.1-8 所示。

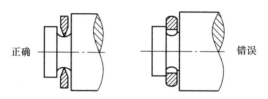

图 2.1-8　圆弧沟槽测量

⑤ 测量沟槽宽度时，也要放正游标卡尺的位置，应使卡尺两测量刃的连线垂直于沟槽，不能歪斜，否则，量爪若在如图 2.1-9 所示的错误的位置上，也将使测量结果不准确（可能大也可能小）。

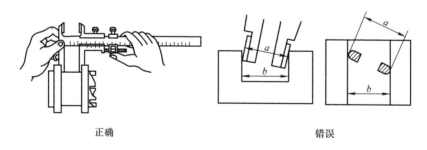

图 2.1-9　沟槽宽度测量

⑥ 测量圆孔时，如图 2.1-10 所示，要使量爪分开的距离小于所测内尺寸，进入零件内孔后，再慢慢张开并轻轻接触零件内表面，用固定螺钉固定尺框后，轻轻取出卡尺来读数。取出量爪时，用力要均匀，并使卡尺沿着孔的中心线方向滑出，不可歪斜，以免使量爪扭伤、变形和受到不必要的磨损，歪斜同时会使尺框移动，影响测量精度。

卡尺两测量刃应在孔的直径上，不能偏歪。如图 2.1-11 为带有刀口形量爪

27

和带有圆柱面形量爪的游标卡尺,在测量内孔时正确的和错误的位置。当量爪在错误位置时,其测量结果,将比实际孔径 D 小。

⑦ 测量深度时,如图 2.1-12 所示,要换如图 2.1-12a 中所示的那样将深度标尺与深度方向平行,测量面与被测量面贴合,再用固定螺钉固定游标

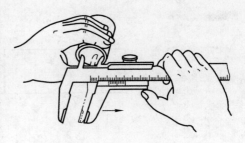

图 2.1-10 内孔的测量方法

后,轻轻取出卡尺来读数。不可如图 2.1-12b 中所示的那样歪斜,那样将直接影响测量精度。

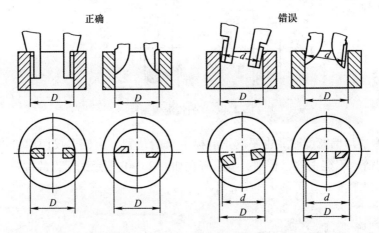

图 2.1-11 卡爪在孔内的位置

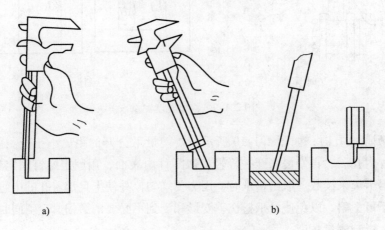

a)   b)

图 2.1-12 游标卡尺深度测量

a) 正确 b) 错误

⑧ 测孔的中心距。用游标卡尺测量两孔的中心距有两种方法，如图 2.1-13 所示。一种是先用游标卡尺分别量出两孔的内径 D_1 和 D_2，再量出两孔内表面之间的最大距离 A，则两孔的中心距

$$L = A - \frac{1}{2}(D_1 + D_2)$$

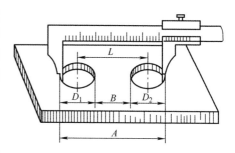

图 2.1-13　游标卡尺测量孔距

另一种测量方法，也是先分别量出两孔的内径 D_1 和 D_2，然后用刀口形量爪量出两孔内表面之间的最小距离 B，则两孔的中心距

$$L = B + \frac{1}{2}(D_1 + D_2)$$

⑨ 为了获得正确的测量结果，可以多测量几次。即在零件的同一截面上的不同方向进行测量。对于较长零件，则应当在全长的各个部位进行测量，务使获得一个比较正确的测量结果。

3）其他卡尺。除了以上介绍的普通游标卡尺外，还有游标深度卡尺、游标高度卡尺等。其读数原理和方法与普通游标卡尺相同。另外，还有带表卡尺和数显卡尺等，它们使用起来更方便。其他各类游标卡尺见表 2.1-2。

表 2.1-2　其他各类游标卡尺

名称	图示	应用
游标深度卡尺	1—测量基座　2—紧固螺钉　3—尺框　4—尺身　5—游标	测量孔深、槽深
游标高度卡尺	1—尺身　2—紧固螺钉　3—尺框　4—机座　5—量爪　6—游标　7—微动装置	测量零件的高度和精密划线

（续）

名称	图示	应用
游标带表卡尺	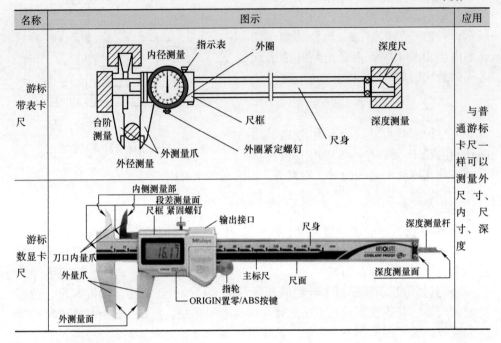	与普通游标卡尺一样可以测量外尺寸、内尺寸、深度
游标数显卡尺		

4）维护和保养

① 不能使用游标卡尺测量铸、锻件等的毛坯尺寸。

② 游标卡尺是比较精密的测量工具，要轻拿轻放，不得碰撞或跌落地下。

③ 游标卡尺使用完毕，用棉纱擦拭干净。长期不用时应将它擦上润滑脂或润滑油，两量爪合拢并拧紧紧固螺钉，放入卡尺盒内盖好。

四、任务实施

（1）备料　根据图样要求准备好套筒。

（2）量具　选用测量精度为$\frac{1}{50}$mm（0.02mm）、规格为 0～125mm 的游标卡尺来测量。

（3）操作步骤

1）准备好测量所用的游标卡尺、工件、纸和笔。

2）用游标卡尺下端两量爪内测面测量套筒的外径 ϕ30mm、ϕ25mm、ϕ19mm。

3）用游标卡尺下端两量爪内测面测量套筒的长度尺寸 80mm、25mm、沟槽宽度 5mm。

4）用游标卡尺上端两量爪测量套筒的内径尺寸 ϕ20mm、ϕ10mm。

5）用游标卡尺后面的测深杆测量 ϕ20mm 内孔深度尺寸 8mm。

6）以上尺寸在不同的位置应测量 3 次，然后取它们的平均值填入到测量记录表 2.1-3 中。

表 2.1-3 套筒测量记录表

序号	尺寸名称	公称尺寸/mm	实测数值/mm			平均值/mm
			1	2	3	
1	外径	ϕ30				
2	外径	ϕ25				
3	外径	ϕ19				
4	内径	ϕ20				
5	内径	ϕ10				
6	长度	80				
7	长度	25				
8	宽度	5				
9	深度	8				

任务 2.2　千分尺的使用

一、任务目标

1）了解千分尺的结构及刻线原理。

2）掌握千分尺的读数方法。

3）掌握千分尺的测量方法。

4）熟悉千分尺的维护和保养。

二、任务分析

如图 2.2-1 所示的圆柱销是标准件，形状和尺寸已标准化，它主要用于定位和连接。圆柱销的尺寸、形状、表面粗糙度要求较高。该零件的直径为 ϕ10mm，需要用千分尺来测量圆柱销的外径，从而计算出圆柱销的圆度公差。通过对圆柱销的外径的测量练习，来掌握千分尺的正确使用和识读。

三、任务相关知识点

千分尺是一种精密量具，它的测量精度比游标卡尺高，而且使用方便，调整简单，应用广泛。对于加工尺寸精度要求较高的工件尺寸，一般常采用千分尺来测量。下面介绍一下普通外径千分尺。

1. 千分尺的结构

图 2.2-2 所示为测量范围为 0 ~ 25mm 的千分尺，它由尺架、测微螺杆、测

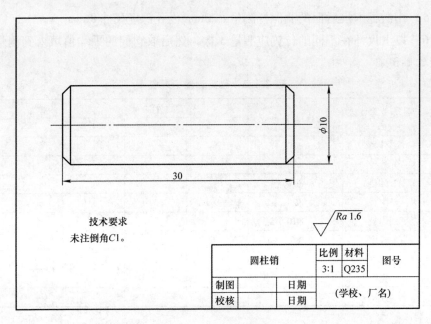

技术要求
未注倒角C1。

√ Ra 1.6

圆柱销	比例	材料	图号
	3:1	Q235	
制图		日期	(学校、厂名)
校核		日期	

图 2.2-1　圆柱销图样

力装置等组成。尺架的一端装着固定测砧，另一端装着测微头。固定测砧和测微螺杆的测量面上都镶有硬质合金，以提高测量面的使用寿命。尺架的两侧面覆盖着绝热板，使用千分尺时，手拿在绝热板上，防止人体的热量影响千分尺的测量精度。

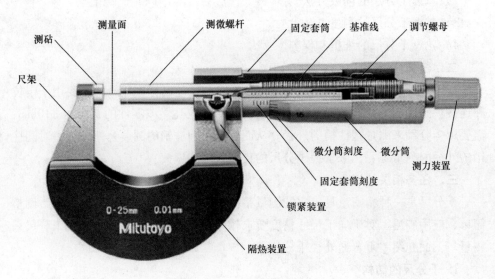

图 2.2-2　普通外径千分尺

2. 千分尺的刻线原理

千分尺测微螺杆上的螺纹，其螺距为0.5mm，当微分筒转一周时，测微螺杆就轴向移动0.5mm。固定套筒上刻有间隔为0.5mm的刻线，微分筒圆周上均匀刻有50个格。因此微分筒每转一格时，测微螺杆就移进：

$$0.5mm/50 = 0.01mm$$

故该千分尺的分度值为0.01mm。

3. 千分尺的读数和使用方法

（1）读数方法，如图2.2-3所示。

1）读出在微分筒边缘的固定套筒的主尺的毫米数和0.5mm数。

2）看微分筒上哪一格与固定套筒上基线对齐，并读出不足0.5mm的数。

3）把两个读数加起来就是测得的实际尺寸。

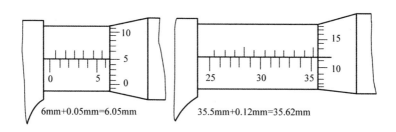

图2.2-3　千分尺的读数方法

（2）使用方法

1）测量前，转动千分尺的测力装置，使两测砧面靠合，并检查零位。对测量范围25mm以上的千分尺，要用标准量棒或量块放在固定测砧和活动测杆的测量面间检查零位。如果零位不准，要送计量部门去校正，禁止乱拆乱校。

2）测量时外径千分尺要放正，以免造成测量误差。

3）测量时用手转动测力装置上的测力装置，使测微螺杆的测量面接触工件表面，听到2~3声"咔咔"声后即停止转动，此时已得到合适的测量力，可读取数值。不允许用手猛力转动微分筒，以免使测量力过大而影响测量精度，甚至损坏螺纹传动副。

4）读数时，最好不取下千分尺进行读数，如需要取下读数，应先锁紧测微螺杆，然后轻轻取下千分尺，防止尺寸变动。读数要细心，看清刻度，特别要注意分清整数部分和0.5mm的刻线。

（3）其他类千分尺　其他类千分尺见表2.2-1。

表 2.2-1　其他类千分尺

名称	图示	应用
公法线千分尺	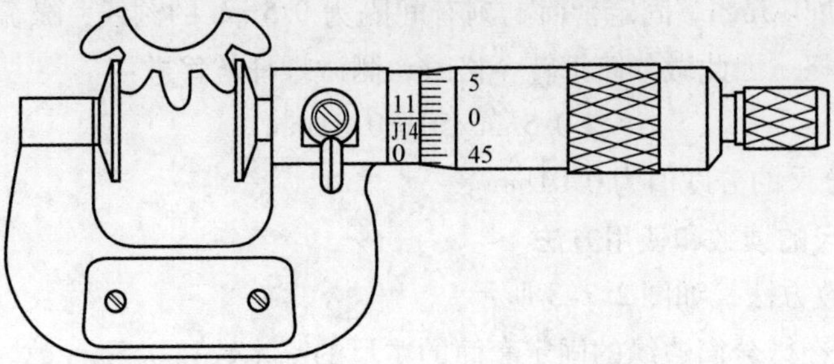	测量齿轮公法线长度
螺纹千分尺	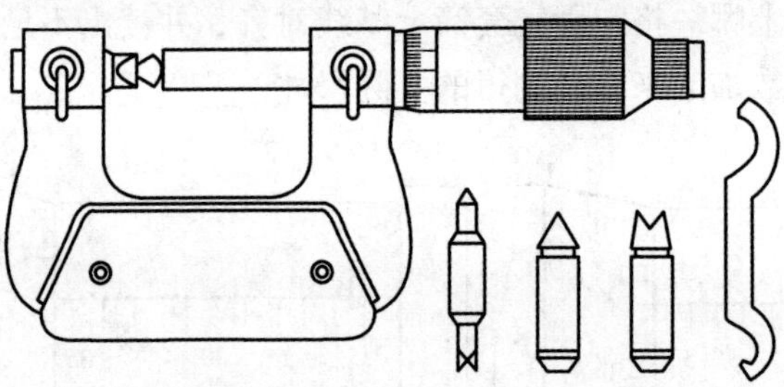	测量螺纹中径尺寸
深度千分尺	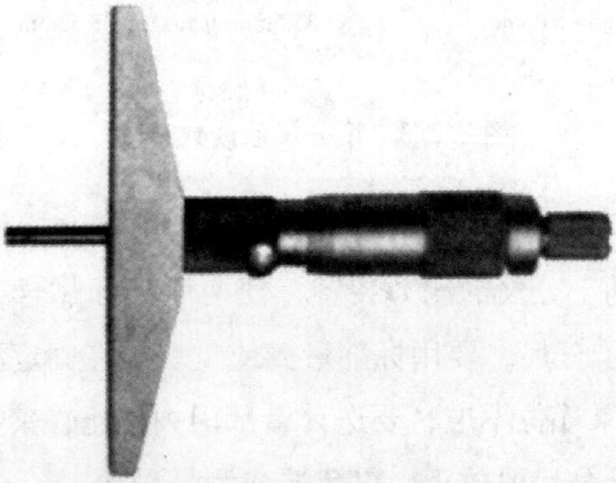	测量孔深、槽深

（4）维护和保养

1）检查零位线是否准确。

2）测量时需把工件被测量面擦干净。

3）工件较大时应放在 V 形铁或平板上测量。

4）测量前将测量杆和砧座擦干净。

5）拧活动套筒时需用测力装置。

6）不要拧松后盖，以免造成零位线改变。

7）不要在固定套筒和活动套筒间加入普通润滑油。

8）用后擦净上油，放入专用盒内，置于干燥处。

四、任务实施

（1）备料　准备 ϕ10mm 标准圆柱销。

（2）量具　选用规格为 0～25mm 测量范围的千分尺来测量。

（3）操作步骤

1）准备好测量所用的千分尺、圆柱销、纸和笔。

2）用千分尺测量圆柱销的外径 ϕ10mm，在不同的位置应测量 3 次，然后取它们的平均值，填入到测量记录表 2.2-2 中。

3）测圆柱销的中截面圆度公差。用千分尺在圆柱销的中截面各个方向上测量外径 4 次，将测得的结果填入表 2.2-2 中。

4）计算。将 4 次测量的数据中最大值与最小值之差的一半（圆度公差）填入表 2.2-2 内。

表 2.2-2　圆柱销测量记录表

序号	测量项目	实测记录/mm			平均值/mm
		1	2	3	
1	外径 ϕ10mm				
2	圆柱销的中截面圆度公差	在圆柱销的中截面各个方向测得不同值/mm			圆度公差/mm

任务 2.3　游标万能角度尺的使用

一、任务目标

1）了解游标万能角度尺的结构及刻线原理。

2）掌握游标万能角度尺的读数方法。

3）掌握游标万能角度尺的量程的调整。

4）熟悉游标万能角度尺的维护和保养。

二、任务分析

从图 2.3-1 中可以看出，该样板的外形尺寸为 65mm×50mm，厚度为 6mm。该零件四周分布着多个角度，分别为 30°、60°、75°、120°、135°、150°。而图样中的线性尺寸都是角度的定位尺寸。由此可以看出，该零件的主要测量对象为角度尺寸，需要游标万能角度尺，各角度定位尺寸用游标卡尺测量。

三、任务相关知识点

游标万能角度尺是用来测量工件内外角度的量具。按游标的读数值分为 2′和

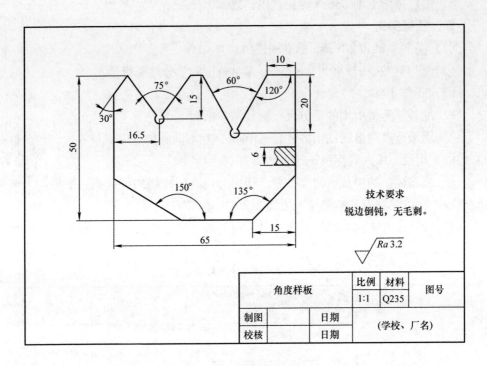

图 2.3-1　角度样板图样

5′两种，测量范围是 0°～320°，按其尺身的形状不同可分为圆形和扇形两种。下面仅介绍读数值为 2′的扇形游标万能角度尺的结构、刻线原理和读数方法。

（1）游标万能角度尺结构　图 2.3-2 所示为读数值为 2′的游标万能角度尺，由刻有角度刻线的主尺和固定在扇形板上的游标尺组成。扇形板可以在主尺上回转移动，形成与游标卡尺相似的结构。90°角尺可用连接块固定在主尺上，刀口形直尺用连接块固定在 90°角尺上。如果拆下 90°角尺，也可将刀口形直尺固定在主尺上。

（2）游标万能角度尺的刻线原理　游标万能角度尺的尺身刻线每格 1°，游标刻线是将尺身上 29°所占的弧长等分为 30 格，即每格所对的角度为 29°/30，因此游标 1 格与尺身 1 格相差：$1° - 29°/30 = 1°/30 = 2′$，如图 2.3-3 所示，即游标万能角度尺的测量精度为 2′。

游标万能角度尺的读数方法和游标卡尺相似，即找出游标上零线以左的主尺上最大整角度数，这是被测角度的整数读数。找出游标上刻线中与主尺对齐的那条刻线，即得到被测角度的小数读数。两者之和为被测角度。

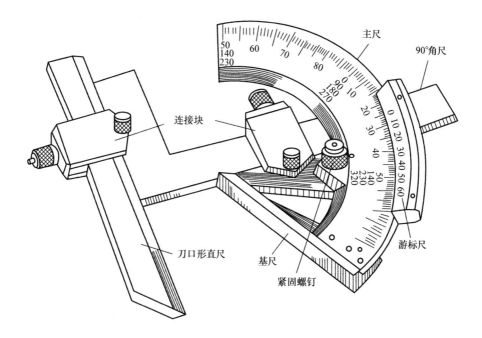

图 2.3-2　游标万能角度尺

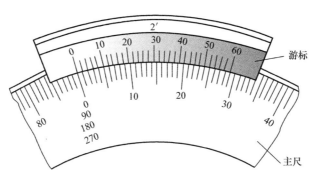

图 2.3-3　游标万能角度尺刻线原理

（3）游标万能角度尺使用方法

1）使用前检查零位。

2）测量时，根据被测角度的情况，先调整好90°角尺或刀口形直尺的位置，用卡块上的螺钉把它们紧固住，再来调整基尺测量面与其他有关测量面之间的夹角。这时，要先松开制动头上的螺母，移动主尺做粗调整，然后再转动扇形板背面的微动装置做细调整，直到两个测量面与被测表面密切贴合为止。然后拧紧制动器上的螺母，把90°角度尺取下来进行读数。

3）测量量程的调整，见表2.3-1。

表 2.3-1　游标万能角度尺测量量程的调整

序号	量程	调整方法	图示
1	0°~50°	把 90°角尺和刀口形直尺全都装上，工件的被测角度放在基尺和刀口形直尺的测量面之间进行测量	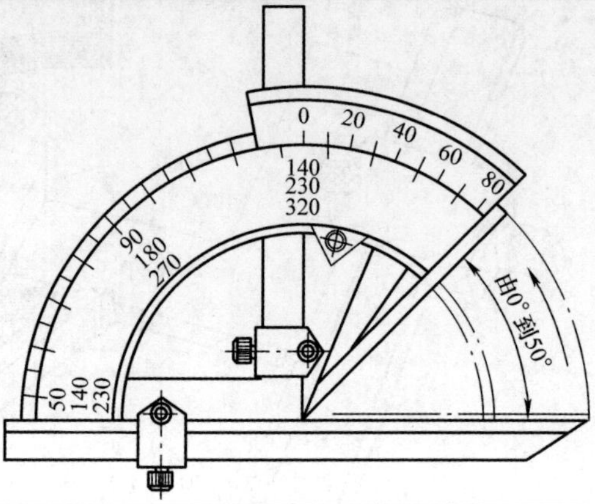
2	50°~140°	可把 90°角尺卸掉，把刀口形直尺装上去，使它与扇形板连在一起。工件的被测角度放在基尺和刀口形直尺的测量面之间进行测量 也可以不拆下角尺，只把直尺和卡块卸掉，再把 90°角尺拉到下边来，把工件的被测角度放在基尺和 90°角尺长边的测量面之间进行测量	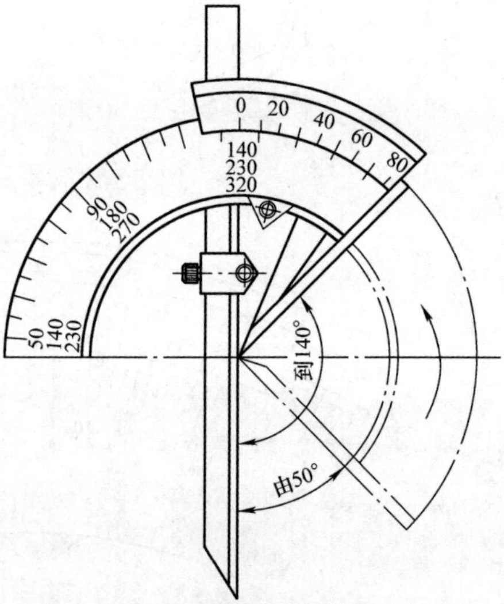 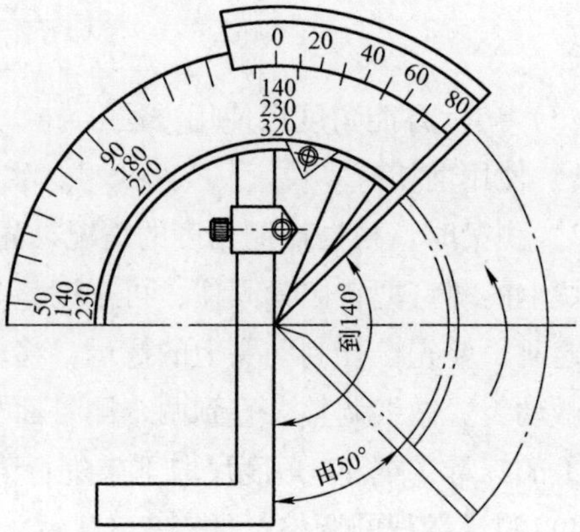

（续）

序号	量程	调整方法	图示
3	140°～230°	把刀口形直尺和卡块卸掉，只装 90°角尺，但要把 90°角尺推上去，直到 90°角尺短边与长边的交线和基尺的尖棱对齐为止。把工件的被测角度放在基尺和 90°角尺短边的测量面之间进行测量	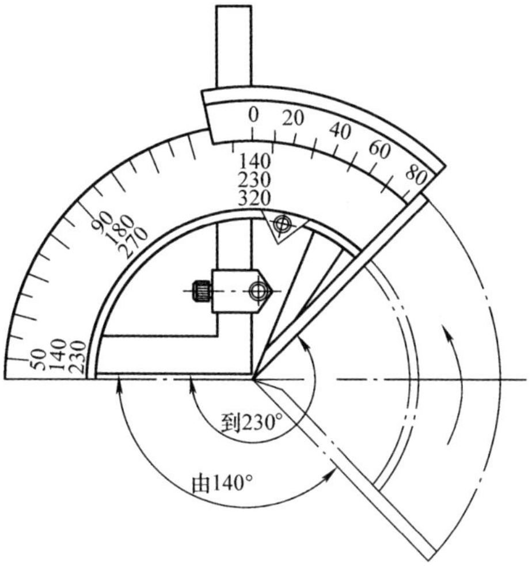
4	230°～320°	把 90°角尺、刀口形直尺和卡块全部卸掉，只留下扇形板和主尺（带基尺）。把工件的被测角度放在基尺和扇形板测量面之间进行测量	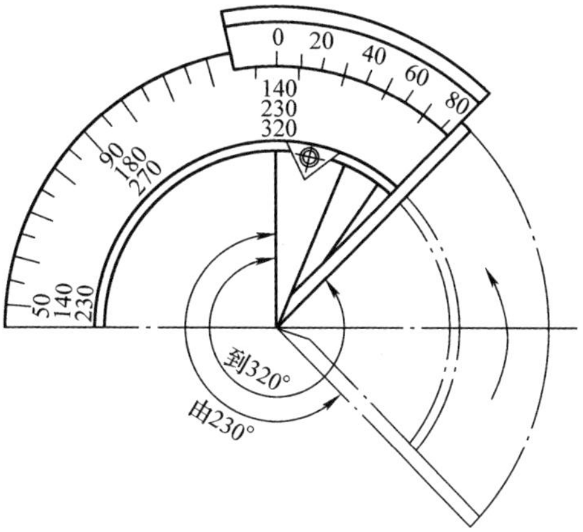

（4）维护和保养　为了保持量具的精度，延长其使用寿命，做到安全文明生产，对量具的维护和保养必须要重视。在工作中，应做到以下几点：

1）测量前应将量具的测量面和工件的被测量面擦净，以免脏物影响测量精度和加快量具磨损。根据精度、测量范围和用途等选择量具，测量时不允许超过测量范围的极限值。

2）量具在使用过程中，不要和工具、刀具混放，以免碰坏。

3）机床开动时，不要用量具测量工件，否则会加快量具磨损，而且容易发生事故。

4）温度对量具精度影响很大，在测量过程中，要注意测量温度对量具的影响。因此，量具不应放在热源（电炉、暖气片等）附近，以免受热变形。

5）量具用完后，应及时擦净、涂油，放在专用盒中，保存在干燥处，以免生锈。

6）对精密量具应实行定期鉴定和保养，发现精密量具有不正常现象时，应及时送交计量室检修。

四、任务实施

（1）备料　根据图样要求准备好样板。

（2）量具　选用测量精度为2′、测量范围0°～320°的游标万能角度尺和测量精度1/50mm（0.02mm）、规格为0～125mm的游标卡尺来测量。

（3）操作步骤

1）准备好测量所用的游标万能角度尺、游标卡尺、样板、纸和笔。

2）用游标万能角度尺测量样板角度30°、60°、75°、120°、135°、150°。测量不同角度时，应调整好相应的量程。

3）用游标卡尺下端两量爪内测面测量样板的外形尺寸65mm×50mm。

4）以上尺寸在不同的位置应测量3次，然后取它们的平均值，依次填入测量记录表2.3-2中。

表2.3-2　样板测量记录表

序号	尺寸名称	数值	实测记录			平均值
			1	2	3	
1	角度（°）	30				
2	角度（°）	60				
3	角度（°）	75				
4	角度（°）	120				
5	角度（°）	135				
6	角度（°）	150				
7	尺寸/mm	65				
8	尺寸/mm	50				

任务2.4　专用量具的使用

一、任务目标

1）了解专用量具的种类。

2）掌握钳工常用的专用量具的使用方法。

3）熟悉专用量具的维护与保养。

二、任务分析

从图 2.4-1 中可以看出，该图样的外形尺寸为 60mm×60mm，厚度为 8mm。在图样中有两个直径为 $\phi 10$mm 的通孔，精度为 H7，两孔之间的中心距为 30mm、距边的定位尺寸都为 15mm；另有两个公称直径为 10mm 的普通粗牙内螺纹孔，精度为 8H，两孔中心距为 30mm、距边的定位尺寸为 15mm 和 45mm；工件四角上分别是 $R8$mm 和 $R10$mm 的圆弧，且在上端面上有一个垂直度公差，公差值为 0.04mm，基准平面为右端面。根据以上情况对该零件进行检测需要用到 90°角尺和塞尺测量垂直度、光滑极限塞规测量通孔 $\phi 10$mm、螺纹塞规测量螺纹孔 M10mm、用半径规测量圆弧，其余尺寸使用游标卡尺测量。

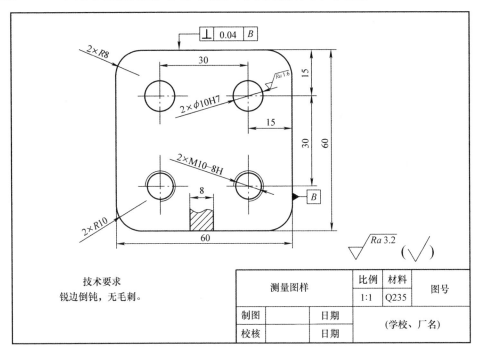

图 2.4-1　工件图样

三、任务相关知识点

专用量具：这类量具不能测量出实际尺寸，只能测定零件和产品的形状及尺寸是否合格，如卡规、塞规等。本节主要介绍以下几种钳工操作中常用的专用量具。

1. 塞规

塞规是用来检验工件内径尺寸的量具。

（1）分类　常用的有圆孔塞规（又称光滑极限塞规）和螺纹塞规。

1）圆孔塞规做成圆柱形状，两端分别为通端和止端，用来检查孔的直径，如图 2.4-2 所示。

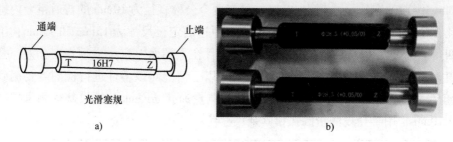

图 2.4-2　圆孔塞规

a）示意图　b）实物图

2）螺纹塞规是测量内螺纹尺寸正确性的工具，如图 2.4-3 所示。此种塞规种类可分为普通粗牙、细牙和管子螺纹三种。特别要说明的是螺距为 0.35mm 或更小的，2 级精度及高于 2 级精度的螺纹塞规，和螺距为 0.8mm 或更小的 3 级精度的螺纹塞规都没有止端测头。螺纹公称直径 100mm 以下的螺纹塞规为锥柄螺纹塞规。螺纹公称直径 100mm 以上的为双柄螺纹塞规。

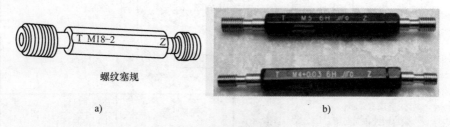

图 2.4-3　螺纹塞规

a）示意图　b）实物图

（2）使用方法　不管是圆孔塞规还是螺纹塞规，它都有两个测量面，小端尺寸按工件内径的下极限尺寸制作，在测量内孔时应能通过，称为通规；大端尺寸按工件内径的上极限尺寸制作，在测量内孔时不能通过工件，称为止规。用塞规检验工件时只能判定工件是否合格而不能读出数值，测量时如果通规能通过且止规不能通过，说明该工件的尺寸在允许的公差范围内，是合格的。二者缺一不可，否则，就不合格。

2. 卡规

卡规是用来检验轴类工件外尺寸的量规。

（1）分类　常用的有光滑卡规和螺纹环规两种。

1）光滑卡规一般做成C字形，用来检查轴的大小，如图2.4-4所示。

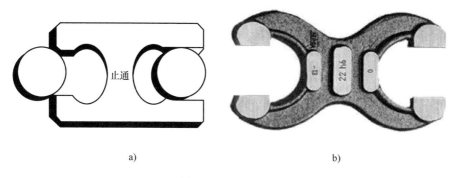

图2.4-4　光滑卡规

a）示意图　b）实物图

2）螺纹环规用于测量外螺纹尺寸的正确性，通端为一件，止端为一件，如图2.4-5所示。止端环规在外圆柱面上有凹槽，规格分为粗牙、细牙、管子螺纹三种。特别要说明的是当螺纹公称直径在100mm以上时，螺纹环规为双柄螺纹环规型式。螺距为0.35mm或更小的2级精度及高于2级精度的螺纹环规和螺距为0.8mm或更小的3级精度的螺纹环规都没有止端。

图2.4-5　螺纹环规

a）示意图　b）实物图

（2）使用方法　不管是光滑卡规还是螺纹环规，它都有两个测量面，其中，大端尺寸按轴的上极限尺寸制作，在测量时应通过轴颈，称为通规；小端尺寸按轴的下极限尺寸制作，在测量时不通过轴颈，称为止规（其与塞规的制作刚好相反）。用卡规检验轴类工件时也只能判定工件是否合格而不能读出数值，测量时如果通规能通过且止规不能通过，说明该工件的尺寸在允许的公差范围内，是合格的。二者缺一不可，否则，就不合格。

（3）维护与保养

1）卡规使用完毕后，应及时清理干净测量部位附着物，存放在规定的量具盒内。

2）生产现场在用量具应摆放在工艺定置位置，轻拿轻放，以防止磕碰而损坏测量表面。

3）严禁将环规作为切削工具强制旋入螺纹，避免造成早期磨损。可调节螺纹环规严禁非计量工作人员随意调整，确保量具的准确性。

4）卡规长时间不用，应交计量管理部门妥善保管。

3. 塞尺

（1）形状　塞尺是用来检验两个贴合面之间间隙大小的片状定值量具，它是由一组薄钢片组成的测量工具，每一片上都标有相应的厚度，如图 2.4-6 所示。

图 2.4-6　塞尺

（2）使用方法　塞尺的测量面为钢片上下两表面。在使用时，根据间隙的大小，由薄到厚逐级试塞。可选用一片或多片（一般不超过 3 片）叠加一起放入间隙内，以钢片在间隙内能活动，又使钢片两面稍有轻微的摩擦为宜。

塞尺很薄，容易弯曲和折断，且易生锈。测量时不能用力太大，也不能测量温度较高的工件，用完后要擦拭干净，及时放入盒中。

4. 半径样板

半径样板也叫 R 样板。半径样板是利用光隙法测量圆弧半径的工具，如图 2.4-7所示。

（1）使用方法　使用半径样板检验工件圆弧半径有两种方法：一是当已知被检验工件的圆弧半径时，可选用相应尺寸的半径样板去检验；二是事先不知道

图 2.4-7　半径样板

被检验工件的圆弧半径时，则要用试测法进行检验。方法是：首先目测估计被检工件的圆弧半径，依次选择半径样板去试测。当光隙位于圆弧的中间部分时，说明工件的圆弧半径 r 大于样板的圆弧半径 R，应换一片半径大一些的样板去检验。若光隙位于圆弧的两边，说明工件的半径 r 小于样板的半径 R，则换一片小一点的样板去检验，直到两者吻合 $r = R$，则此样板的半径就是被测工件的圆弧半径。

测量时必须使半径样板的测量面与工件的圆弧完全的紧密的接触，当测量面与工件的圆弧中间没有间隙时，工件的圆弧半径则为此时对应的半径样板上所表示的数字。由于是目测，故准确度不是很高，只能作定性测量。

（2）维护与保养

1）半径样板使用后应擦净，擦时要从铰链端向工作端方向擦，切勿逆擦，以防止样板折断或者弯曲。

2）半径样板要定期检定，如果样板上标明的半径数值不清时千万不要使用，以防错用。

5. 刀口形直尺与 90°角尺

（1）刀口形直尺　刀口形直尺是一类测量面呈刃口状的直尺，用于测量工件平面形状误差及直线度误差的测量器具，如图 2.4-8 所示。

（2）90°角尺　90°角尺，是检验和划线工作中常用的量具，用于检测工件的垂直度及工件相对位置的垂直度。分宽座 90°角尺（图 2.4-9）和刀口形 90°角尺（图 2.4-10）。

（3）使用方法

1）刀口形直尺使用时应使刃口贴紧测量面，利用光隙法测量工件便面的直

45

图 2.4-8　刀口形直尺

线度与平面度。

2）90°角尺使用前，应先检查各工作面和边缘是否被碰伤。90°角尺的长边的左、右面和短边的上、下面都是工件面（即内外直角）。将 90°角尺工作面和被检工作面擦净，将 90°角尺靠放在被测工件的工作面上，用光隙法鉴别工件的角度是否正确。为求精确的测量结果，可将 90°角尺翻转 180°再测量一次，取二次读数算术平均值为其测量结果，可消除 90°角尺本身的偏差。

（4）维护与保养　注意轻拿、轻靠、轻放，防止变曲变形。

图 2.4-9　宽座 90°角尺

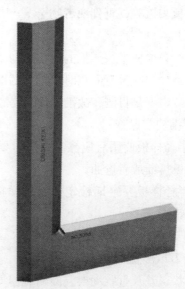

图 2.4-10　刀口形 90°角尺

四、任务实施

（1）备料　根据图样要求准备好工件。

（2）量具　选择所用 90°角尺和 0.02～1mm 的塞尺、ϕ10H7 的光滑极限塞规、M10 - 8H 的螺纹塞规、R6.5 ~ R14 的半径规，精度 0.02mm 的游标卡尺。

（3）操作步骤

1）准备好测量所用的量具、样板、纸和笔。

2）用 90°角尺和 0.02 ~ 1mm 的塞尺配合测量垂直度。

3）用 ϕ10H7 的光滑极限塞规测量通孔 ϕ10H7mm。

4）用 M10 - 8H 螺纹塞规测量螺纹孔 M10 - 8Hmm。

5）用 R6.5 ~ R14 半径规测量圆弧 R8mm 和 R10mm。

6）用游标卡尺下端两量爪内测面测量样板的外形尺寸 60mm × 60mm。

7）用游标卡尺下端两量爪内测面测量样板 ϕ10mm 内孔孔距尺寸 15mm 和 30mm。

8）以上尺寸根据尺寸特点应在不同的位置测量多次，然后取它们的平均值，依次填入到测量记录表 2.4-1 中。

表 2.4-1　工件测量记录表

序号	尺寸名称	尺寸/mm	实测记录/mm			结果/mm
1	垂直度	0.04	1	2（翻转 180°）		平均值
2	孔直径	ϕ10H7	正面判定	反面判定		是否合格
3	螺纹孔	M10 - 8H	正面判定	反面判定		是否合格
4	半径	R8	不同位置1	2	3	平均值
5	半径	R10	不同位置1	2	3	平均值
6	尺寸	60	不同位置1	2	3	平均值
7	ϕ10 孔距		孔距方法1		孔距方法2		平均值
			正面	反面	正面	反面	
		15					
		30					

項目 **3**

钳工常用工具、刃具的使用

【学习目标】

1. 了解划线的一般知识。
2. 了解划线工具的种类及使用方法。
3. 掌握锯削的方法、姿势,并达到一定的锯削精度要求。
4. 熟悉锯条折断的原因和防止方法,了解锯缝产生歪斜的几种原因。
5. 掌握錾削的方法、姿势,并达到一定的錾削精度要求。
6. 掌握錾子的刃磨。
7. 掌握平面锉削时的站立姿势和动作。
8. 掌握锉削时两手用力的方法及平面度检验的方法。

任务3.1 划　　线

一、任务目标

1)了解划线的一般知识。

2)了解划线工具的种类。

3)掌握各种划线工具的使用方法。

4)掌握简单图形的平面划线。

二、任务分析

对图 3.1-1 进行分析可看出,该划线为平面划线,在 $60mm \times 2mm \times 60mm$ 的薄板上划出正六边形,需用到划针、划规、钢直尺等划线工具进行划线,划线完成后,要求在线条上打上样冲点。

三、任务相关知识点

划线是机械加工中的一道重要工序,广泛用于单件或小批量生产。

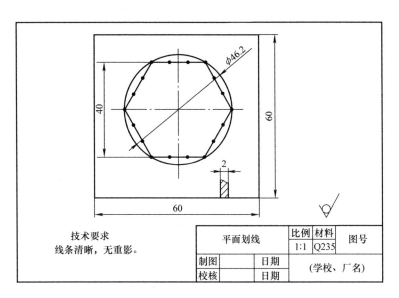

图 3.1-1 正六边形平面划线

1. 划线简介

根据图样和技术要求，在毛坯或半成品上用划线工具划出加工界线，或划出作为基准的点、线的操作过程称为划线。

（1）划线分类 划线有平面划线和立体划线两种。只需要在工件一个表面上划线后即能明确表示加工界线的，称为平面划线；需要在工件几个互成不同角度（一般是互相垂直）的表面上划线，才能明确表示加工界线的，称为立体划线。

（2）划线要求 对划线的基本要求是线条清晰均匀，定形、定位尺寸准确。由于划线的线条有一定的宽度，一般要求划线精度达到 0.25 ~ 0.5mm。应当注意，工件的加工精度（尺寸、形状精度）不能完全由划线确定，而应该在加工过程中通过测量来保证。

（3）划线的作用

1）确定工件的加工余量，使加工有明显的尺寸界线。

2）为便于复杂工件在机床上的装夹，可按划线找正定位。

3）能及时发现和处理不合格的毛坯。

4）当毛坯误差不大时候，可以采用借料划线的方法来补救，从而提高毛坯的合格率。

2. 划线工具

在划线工作中，为了保证划线的准确和迅速，必须熟悉并掌握各种划线工具以及划线的基本操作。划线工具介绍及基本操作见表 3.1-1。

表 3.1-1 划线工具介绍及基本操作

名称	示例图	使用与说明
划线涂料		划线涂料可分为： 1. 石灰水，由稀状石灰水加适量的骨胶和乳胶制成。多用于大中型铸、锻件毛坯的划线 2. 紫金水，由 2%～5%（体积分数）紫色颜料加 3%～5%（体积分数）的漆片或虫胶，再加 91%～95%（体积分数）的酒精混合制成。多用于已加工表面的划线 3. 硫酸铜溶液，由 100g 水中加 1～1.5g 硫酸铜制成。多用于形状复杂或已加工表面的划线 4. 特种淡金水，由乙醇和虫胶制成的液体，多用于精加工表面的划线
平板		由铸铁制成，工作表面经过精刨或刮削加工，作为划线时基准平面使用。平板一般放置在专用的架子上，放置时应使平板的工作表面处于水平状态
钢直尺	 a) 量取尺寸　b) 测量工件　c) 划直线	1. 钢直尺一般有量取尺寸、测量工件、作为划线靠尺的用途 2. 钢直尺在尺面上刻有尺寸刻线，最小刻度为 0.5mm，规格有 150mm、300mm、1000mm 等多种
划针	 a) 正确　b) 正确　c) 错误	1. 划线前先用划针和钢直尺定好前、后两点的划线位置，再开始划点的连线 2. 划线时，针尖要靠紧钢直尺的边缘，划针上部向钢直尺外侧倾斜 15°～20°，向划线方向倾斜 45°～75° 3. 划针针尖保持尖锐，划线要一次完成，使划出的线条清晰、准确

（续）

名称	示例图	使用与说明
划规	 a)　　　　　　　　b)	1. 划规是用来画圆和圆弧、等分线段、等分角度以及量取尺寸的工具 2. 划规的两尖脚应保持尖锐，两尖脚合拢时能靠紧，且两脚的长短要磨得稍有不同 3. 划圆弧时，作为旋转中心的尖脚应加以较大的压力，另一尖脚以较小的压力在工件表面上划出圆或圆弧
样冲	 a) 外倾　　　　b) 立直冲点 c) 不垂直　　d) 偏心　　e) 正确	1. 冲点前，先将样冲外倾，使尖端对准线的正中，然后将样冲立直再冲点 2. 冲点位置要准确，样冲点不可偏离线条 3. 直线上冲点距离可大些，但短直线上至少要有三个样样冲点，曲线上样冲点距离小些。圆周上至少要有四个样冲点，在线条的交叉或转折点处，必须要冲点 4. 薄壁或光滑表面上冲点要浅，粗糙表面上冲点要深
90°角尺	 a)　　　　b)　　　　c)	1. 划线时，常用来划平行线或垂直线，也可以用来找正工件平面在划线平台上的垂直位置 2. 划线时，90°角尺尺座内侧要与基准面贴紧
划线盘		1. 在工件上划线或找正工件的位置 2. 一般情况下，直头端用来划线，弯头端用来找正工件位置

（续）

名称	示例图	使用与说明
游标高度卡尺	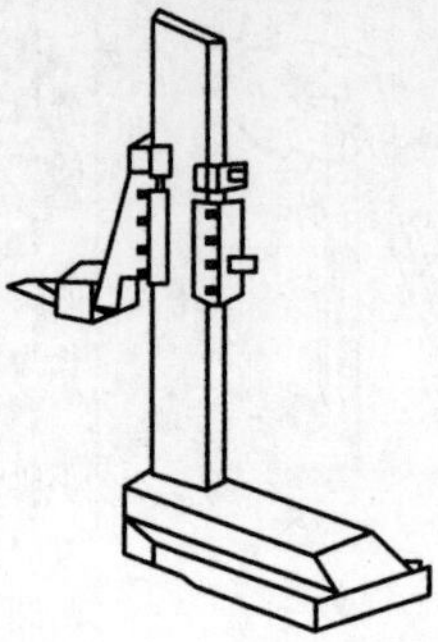	1. 调整好划线高度后，应旋紧游标上的锁紧螺钉，以免出现划线误差 2. 划线时，划针针尖要与工件表面沿划线方向呈 40°～60° 角，压力适中
V 形块与方箱	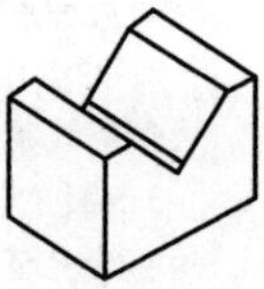 a) V 形块 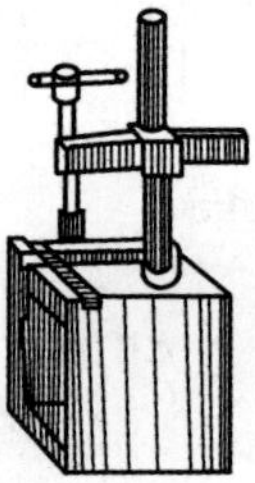　　　b) 方箱	1. V 形块主要用于支承轴类工件，夹角为 90° 或 120° 2. 划线时，可将工件装夹在方箱上，通过方箱翻转，便可以在一次安装的情况下将工件互相垂直的二等线全部划出 3. 方箱上的 V 形槽平行于相应的平面，它用于装夹圆柱形工件

3. 划线前的准备与划线基准

（1）划线前的准备　划线前的准备包括对工件进行清理、涂色（淡金水）及在工件孔中装中心塞块等。

（2）划线基准的选择　在划线时选择工件上的某个点、线、面作为依据，用它来确定工件的各部分尺寸、几何形状及工件上各要素的相对位置，此依据称作划线基准。

在零件图样上，用来确定其他点、线、面位置的基准，称为设计基准。

划线应从划线基准开始。选择划线基准的基本原则是应尽可能使划线基准和设计基准重合，这样能够直接量取划线尺寸，简化尺寸换算过程。

划线基准一般根据以下三种类型选择：

1）以两个互相垂直的平面（或直线）为基准。该工件有相互垂直的两个方向尺寸，每一个方向上的尺寸都是依据外平面（在图样中是一条直线）来确定的，这两个平面就是每一个方向上的划线基准。

2）以两条互相垂直的中心线为基准。该工件两个方向上的尺寸与其中心线对称，其他尺寸也以中心线标注，这两条中心线分别是两个方向上的划线基准。

3）以一个平面和一条中心线为基准。该工件高度方向的尺寸以底面为依据，则底面就是高度方向的划线基准。而宽度方向的尺寸以中心线为对称中心，所以中心线就是宽度方向的划线基准。

4. 划线的找正与借料

找正和借料是划线中常用到的操作手段，主要目的是充分保证工件的划线质量，并在保证质量的前提下，充分利用、合理使用原材料，从而在一定程度上降低成本，提高生产率。

（1）找正　找正就是利用划线工具检查或矫正工件上的有关不加工表面，或使得有关表面和基准面之间处于合适的位置。

毛坯找正的原则如下：

1）为了保证不加工面与加工面间各点的距离相同（一般称为壁厚均匀），应将不加工面用划针找平（当不加工面为水平面时），或把不加工面用 90°角尺找垂直（当不加工面为垂直面时）。

2）有几个不加工表面时，应以面积最大的不加工表面找正，并照顾其他不加工表面，使各处尽量均匀，孔与轮毂或凸台（搭子）尽量同心。

3）如没有不加工平面时，要以欲加工孔毛坯和凸台（搭子）外形来找正。对于有很多孔的箱体，要照顾各孔毛坯和凸台，使各孔均有加工余量面且与凸台同心。

举例说明如图 3.1-2 所示，A 与 B 不同心，而 A 面不加工；C 与 D 不平行，而 C 面不加工。这时就利用 A 与 C 不加工为依据，作一个 C 面的平行面，在毛坯孔中可放一木塞，以 A 面的圆边缘作三或四条等半径的圆弧，找出中心点作加工孔的圆心。

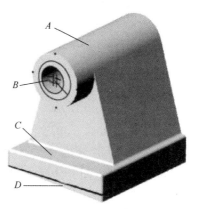

图 3.1-2　找正示例

（2）借料　由于铸件上的孔在浇注时会产生偏差，当偏差不是很大时，铸件、锻件可以通过划线把各待加工面的余量重新分配，将有误差的毛坯补救为合格毛坯。这种用划线来补救的办法叫做借料。

举例说明，如图 3.1-3a 所示，外圆 O_1 与内圆 O_2 不同心，要求 O_1、O_2 加工后壁厚一致。如按照图 3.1-3b 所示加工无法达到加工要求，且用找正方法又不能加工时，如图 3.1-4 所示，可以采用借料的方式，如图 3.1-5 所示，通过借加工余量来达到加工要求。

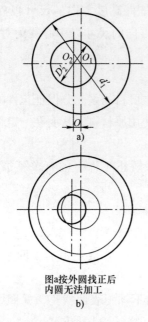

图a按外圆找正后
内圆无法加工
b)

图 3.1-3　借料示例 1

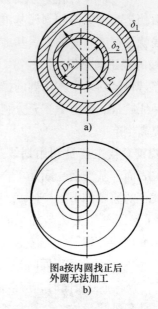

图a按内圆找正后
外圆无法加工
b)

图 3.1-4　借料示例 2

5. 分度头的划线

　　分度头是一种重要的铣床附件，也是钳工生产中常用的划线工具。机械中常用的是机械式万能分度头。以下具体介绍一下万能分度头。

　　（1）万能分度头的结构　万能分度头的结构如图 3.1-6 所示。

　　（2）万能分度头的分度原理　由图 3.1-7 所示万能分度头的传动系统可知，分度手柄转 1 圈，分度头主轴只转过 $\frac{1}{40}$ 圈。根据这个原理可得分度公式

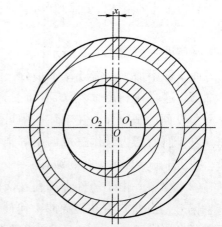

图 3.1-5　借料示例 3

$$n = \frac{40}{z}$$

式中　n——分度手柄转过的圈数；

　　　40——分度头传动比；

　　　z——工件所需的分度数。

54

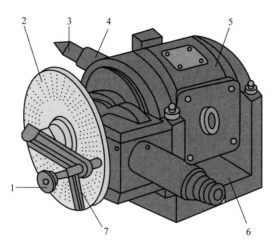

图 3.1-6　分度头结构

1—分度手柄　2—分度盘　3—顶尖　4—主轴　5—回转体　6—基座　7—分度叉

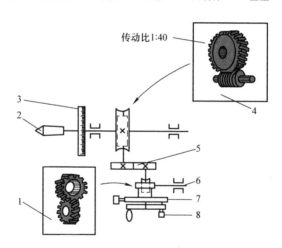

图 3.1-7　分度头传动图

1—1:1 螺旋齿轮传动　2—主轴　3—刻度盘　4—1:40 蜗轮传动

5—1:1 齿轮传动　6—挂轮轴　7—分度盘　8—定位销

（3）万能分度头的分度方法　万能分度头的分度方法分为直接分度法和简单分度法两种。

1）直接分度法是利用分度头主轴外圈上安装的刻度盘直接读数进行分度。

2）简单分度法。根据分度公式：例如，分度数 $z = 35$。每一次分度时手柄转过的转数为：$n = 40/z = 40/35 = 1\frac{1}{7}$，即每分度一次，手柄需要转过 $1\frac{1}{7}$ 转，这 1/7 转是通过分度盘来控制的，一般分度头备有两块分度盘。分度盘两面都有许多圈孔，各圈孔数均不等，但同一孔圈上孔距是相等的。第一块分度盘的正面各圈孔数分别为24、25、28、30、34、37；反面为38、39、41、42、43，第二块分度盘正面各圈孔数分别为46、47、49、51、53、534；反面分别为57、58、59、62、66。简单分度时，分度盘固定不动，此时将分度盘上的定位销拔出，转动到孔数为7的倍数的孔圈上，即28、42、49均可。若选用42孔数，即$1/7 = 6/42$。所以，分度时，手柄转过一转后，再沿孔数为42的孔圈上转过6个孔间距。为了避免每次数孔的烦琐及确保手柄转过的孔数可靠，可调整分度盘上的两块分形夹之间的夹角，使之等于欲分的孔间距数，这样依次进行分度时就可以准确无误。

6. 划线步骤

（1）看清、看懂图样，详细了解工件上需要划线的部位，明确工件及其划线有关部分的作用和要求，了解有关的加工工艺。

（2）选定划线基准。

（3）初步检查毛坯的误差情况，给毛坯涂色。

（4）正确安放工件和选用划线工具。

（5）进行划线。

（6）详细对照图样检查划线的准确性，看是否有遗漏的地方。

（7）在加工孔的位置上打冲样眼。

四、任务实施

（1）备料　根据图样要求准备好$60mm \times 2mm \times 60mm$的薄板。

（2）工具　平板、方箱、游标高度卡尺、蓝油、钢直尺、划规、划针、样冲、钳工锤等。

（3）操作步骤见表3.1-2。

表3.1-2　正六边形的划线步骤及流程

序号	工艺流程图	工艺流程	注意事项
1		1. 准备好所用的划线工具和材料 2. 对划线材料表面进行清理 3. 用蓝油对划线表面进行涂色并晾干	涂色明显，薄而均匀

（续）

序号	工艺流程图	工艺流程	注意事项
2		1. 根据图样要求，初步布局划线界限 2. 划出两条互相垂直的中心线 3. 在十字中心线交点上打好样冲，确定圆心 O 点	布局合理，中心线要互相垂直，线条清晰，圆心冲点准确
3		1. 利用钢直尺刻度，用划规量取正六边形的外接圆半径 2. 用划规划出正六边形的外接圆	直径 ϕ46.2mm 要准确，圆弧线条清晰
4		在外接圆和水平中心线的两个交点处打好样冲点，确定圆心 A、B 两点	交点明显，冲点准确
5		以 A、B 两点为圆心，分别用划规划出圆弧，与外接圆交于 C、D、E、F 四点，在四交点上打好样冲点	六条边长等长，交点明显，冲点准确
6		根据正六边形外接圆上的六个样冲点，用划针靠住钢直尺进行连线	线条清晰、准确

(续)

序号	工艺流程图	工艺流程	注意事项
7		在每条连线上打好4个样冲点	样冲点大小适中,间隔均匀

(4) 任务评价见表 3.1-3。

表 3.1-3　划线操作评分表

序号	评分项目及标准	配分	检验结果	得分
1	涂色薄而均匀	5		
2	图形位置合理	10		
3	线条清晰无重线	15		
4	尺寸及线条位置公差 ±0.3mm	20		
5	冲点位置公差 ±0.3mm	20		
6	冲点分布合理	5		
7	使用工具正确,操作姿势正确	15		
8	安全文明生产	10		
	合计	100		

任务 3.2　锯　　削

一、任务目标

1) 了解锯削使用的工具。

2) 掌握锯条的安装。

3) 掌握锯削的姿势。

4) 掌握锯削操作并达到一定的锯削精度。

5) 熟悉锯条折断的原因和防止方法。

6) 了解锯缝产生歪斜的几种原因。

二、任务分析

对图 3.2-1 进行分析可知,本任务是通过锯削的方法从整根棒料上锯割下一段 25mm 长的圆柱料,所锯下的坯料要求平面度公差在 1mm 以内,尺寸公差在

1mm 以内，表面粗糙度不作要求。

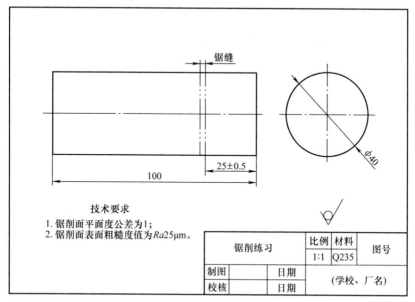

图 3.2-1　锯削棒料图样

三、任务相关知识点

用锯对材料或工件进行切断或锯槽的加工方法称为锯削。

1. 手锯

手锯由锯弓和锯条组成，

（1）锯弓　锯弓的作用是用来装夹并张紧锯条，且便于双手操作。

（2）锯条　锯条是用来直接锯削材料或工件的工具。锯条一般由渗碳钢冷轧制成，经热处理淬硬后才能使用。锯条的长度以两端装夹孔的中心距来表示，常用的锯条长度为 300mm。

1）锯齿的切削角度。锯条切削部分由许多均匀分布的锯齿组成。每一个锯齿如同一把錾子，都具有切削作用。

2）锯齿的粗细。锯齿粗细以锯条每 25mm 长度内的锯齿数来表示。锯齿粗细规格及应用见表 3.2-1。

表 3.2-1　锯齿粗细规格及应用

规格	每 25mm 长度内的齿数	应　　用
粗	14~18	锯削软钢、黄铜、铝、铸铁、纯铜、人造胶质材料
中	22~24	锯削中等硬度钢、厚壁的钢管、铜管
细	32	薄片金属、薄壁管子
细变中	32~20	一般工厂中用，易于起锯

3）锯路。锯条制造时，将全部锯齿按一定规律左右错开，并排成一定的形状，称为锯路（锯齿排列方式如图3.2-2所示）。锯路的作用是减小锯缝对锯条的摩擦，使锯条在锯削时不被锯缝夹住或折断。

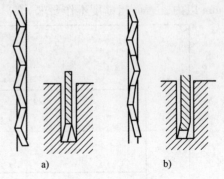

图3.2-2 锯齿排列
a）交叉排列 b）波浪排列

2. 锯削技能训练

（1）手锯的安装 手锯的安装主要指的是锯条的安装，锯条安装时要求锯齿斜向朝前，如图3.2-3所示。

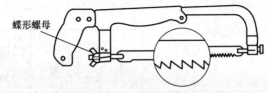

蝶形螺母

图3.2-3 锯条的安装

（2）手锯的握法 右手满握锯弓手柄，大拇指压在食指上。左手控制锯弓方向，大拇指在弓背上，食指、中指、无名指扶在锯弓前端，如图3.2-4所示。

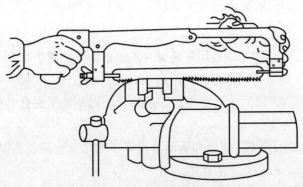

图3.2-4 手锯的握法

（3）锯削姿势 锯削的姿势是站立时如图3.2-5a所示，左脚在前，右脚在后，左脚与轴线成30°角，右脚与轴线成75°角。前腿弯曲，后腿伸直，身体前倾10°左右，如图3.2-5b所示。

（4）锯削操作要领

1）工件的夹持。工件的夹持要牢固，不可有抖动，以防锯削时工件移动而使锯条折断。同时也要防止夹坏已加工表面和工件变形。工件应尽可能夹持在台

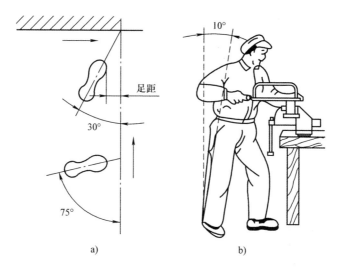

图 3.2-5　锯削姿势

虎钳的左面，以方便操作；锯削线应与钳口垂直，以防锯斜；锯削线离钳口不应太远，以防锯削时产生抖动。

2）起锯。起锯是锯削的开头，直接影响锯削的质量。起锯分近起锯和远起锯。远起锯：从工件离自己稍远的一端起锯，如图 3.2-6a 所示；近起锯：从工件离自己稍近的一端起锯，如图 3.2-6c 所示。通常情况下要采用远起锯，因为这种方法锯齿不易被卡住。但无论是采用远起锯还是近起锯，起锯的角度小（θ 应在 15° 左右为宜）。起锯角太大，切削阻力大，锯齿易被卡住而崩齿，如图 3.2-6b所示；起锯角太小，也不易切入材料，容易跑锯而划伤工件。为使起锯顺利，可用左手大拇指对锯条进行靠导，如图 3.2-6d 所示。

3）锯削运动。锯削时锯弓的运动方式有两种：一种是直线运动，它与平面锉削时锉刀的运动一样。这种方式适合初学者，常用于有锯削尺寸要求的工件，要求初学者认真掌握。另一种是小幅度的上下摆动式运动，即推进时左手上翘，右手下压，回程时右手上抬，左手自然跟回。

4）锯削速度。锯削运动的速度一般为 40 次/min 左右，锯削硬材料时慢些，锯削软材料时快些，同时，锯削行程应保持均匀，返回行程的速度可相对快些。

5）锯削压力。锯削运动时，推力与压力由右手控制，左手主要配合右手扶正锯弓，压力不要过大。手锯推出时为切削行程，应施加压力，返回行程时不切削，不施加压力做自然拉回。

6）收锯。收锯是对将要锯断的工件而言，当快要锯断时，单手握锯，另一只手扶住快要锯下来的工件，锯削压力要轻，行程要短，速度逐渐减慢直至工件

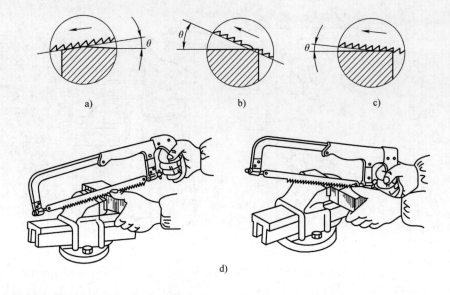

a)   b)   c)

d)

图 3.2-6　起锯方法

a）远起锯　b）起锯角太大　c）近起锯　d）用拇指靠导起锯

锯断。

（5）典型工件的锯削

1）棒料的锯削。如果要求锯削面平整，则应从起锯开始连续锯削至结束。若对锯削面要求不高，则锯削时可以把棒料转过已锯深的锯缝，选择锯削阻力小的地方继续锯削，以利提高工作效率，锯削图例可参照管子的锯削。

2）管子的锯削。薄壁管子要用 V 形木垫夹持，以防夹扁和夹坏管表面。管子锯削时要在锯透管壁时向前转一个角度再锯，否则锯齿会很快损坏如图 3.2-7所示。

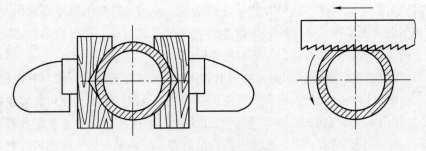

图 3.2-7　管子锯削

3）薄板料的锯削。锯削时应从薄板料宽面上锯下去，若只能在薄板料的狭面上锯下去时，可用两块木板夹持，连木块一起锯下，避免锯齿钩住，同时也增加了薄板料的刚度，使锯削时不发生颤动，如图3.2-8所示。

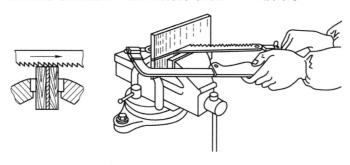

图 3.2-8　薄板锯削

4）深缝锯削。当锯缝的深度超过锯弓的高度时，应将锯条转过90°或180°重新装夹，使锯弓转到工件的旁边或下面，如图3.2-9所示。

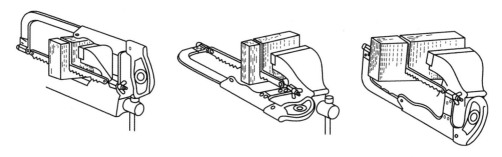

图 3.2-9　深缝锯削

3. 锯削的废品分析

（1）锯齿崩裂的原因

1）起锯角太大或近起锯时用力过大。

2）锯削时突然加大压力，被工件棱边钩住锯齿而崩裂。

3）锯薄板料和薄壁管子时没有选用细齿锯条。

（2）锯条折断的原因

1）锯条安装得过松或过紧。

2）工件装夹不牢固或装夹位置不正确，造成工件的松动。

3）锯缝歪斜后强行纠正。

4）运动速度过快，压力太大，锯条容易被卡住。

5）新换锯条仍在老锯缝内，锯削时容易卡锯。

6）工件被锯断时没有减慢锯削速度和减小锯削用力，使手锯突然失去平衡而折断锯条。

4. 锯削的注意事项

（1）锯削前要检查锯条的装夹方向和松紧程度并给锯条加油润滑冷却，以减少锯条与锯削断面的摩擦并且能冷却锯条，来提高锯条的使用寿命。

（2）锯条安装要松紧适当，锯削时不要突然摆动过大、用力过猛，防止工作中锯条折断从锯弓上崩出伤人。

（3）要及时修整磨光已崩裂的锯齿，应及时在砂轮机上进行修整，即将相邻的 2～3 齿磨低成凹圆弧，并把已断的齿部磨光。如不及时处理，会使崩裂齿的后面各齿相继崩裂。

（4）工件将锯断时，用力要小，避免压力过大使工件突然断开，手向前冲造成事故。一般工件将锯断时，要用左手扶住工件断开部分，避免掉下砸伤脚；

（5）锯削完毕应将锯条放松保存。锯削完毕，应将锯弓张紧螺母适当放松，卸除锯条的张紧力。但不要拆下锯条，防止锯弓上的零件失散，并将其妥善放好。

四、任务实施

（1）备料　根据图样要求准备好 $\phi 40\text{mm} \times 100\text{mm}$ 的毛坯件。

（2）工具　平板、方箱、游标高度卡尺、手锯、锯条、钢直尺、软钳口、毛刷等。

（3）操作步骤见表 3.2-2。

表 3.2-2　加工步骤及工艺流程

序号	工艺流程图	工艺流程	注意事项
1		按照图样要求，用方箱和游标高度卡尺在平板上划出锯削加工界线	线条清晰
2		用台虎钳加紧工件，根据所划线条锯下所需工件	达到平面度公差 1mm，尺寸达到 25mm ± 0.5mm

（续）

序号	工艺流程图	工艺流程	注意事项
3		全面检查尺寸和平面度，并作必要的修整性加工	无毛刺

（4）任务评价见表 3.2-3。

表 3.2-3　锯削操作评分表

序号	评分项目及标准	配分	检验结果	得分
1	25mm ± 0.5mm	25		
2	◇　0.5	25		
3	表面粗糙度值 $Ra25\mu m$	20		
4	使用工具正确，操作姿势正确	20		
5	安全文明生产	10		
	合计	100		

任务 3.3　錾　　削

一、任务目标

1）了解錾子的种类。

2）掌握錾子的刃磨。

3）掌握錾削的姿势。

4）掌握錾削操作并达到一定的錾削精度。

二、任务分析

由图 3.3-1 分析可知，本任务是将余量较少的毛坯件通过錾削的方法来达到图样所需尺寸，所需錾削的是工件的 4 个侧面，两个基准面及两个大平面不需要加工，錾削完成后錾削表面达到平面度公差在 0.8mm 以内，面与面的垂直度公差在 1mm 以内，尺寸公差在 1.2mm 以内，表面粗糙度不作要求。

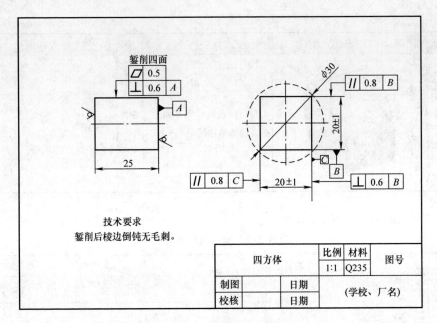

图 3.3-1 四方体图样

三、任务相关知识点

1. 錾削概述

用锤子打击錾子对金属工件进行切削加工的方法，称为錾削。

錾削主要用于不便机械加工的场合，如去除毛坯上的凸缘、毛刺、浇口、冒口，以及分割材料、錾削平面及沟槽等。

2. 錾削工具

錾削所用的主要工具是锤子和錾子。

（1）錾子 錾子由头部、錾身和切削部分组成。錾子的种类如下：

1）扁錾如图 3.3-2a 所示。扁錾切削部分扁平，切削刃较长，刃口略带圆弧形。扁錾主要用来錾削平面，去毛刺、凸缘和分割板材等。

2）尖錾如图 3.3-2b 所示。尖錾切削刃较短，从切削刃到錾身逐渐变狭窄（故又称窄錾），以防止錾沟槽时两侧面被卡住，主要用来錾削沟槽及将板料分割成曲线形等。

3）油槽錾如图 3.3-2c 所示。油槽錾切削刃很短并呈圆弧形，切削部分制成弯曲形状。油槽錾主要用来錾削平面或曲面上的油槽。

（2）锤子如图 3.3-3 所示 锤子又称榔头，由锤头、木柄和楔子组成。锤子规格有 0.25kg、0.5kg 和 1kg 等多种。

（3）錾削时錾子的几何角度 錾削时錾子的几何角度如图 3.3-4 所示。

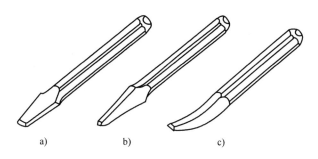

图 3.3-2 錾子的种类

a）扁錾 b）尖錾 c）油槽錾

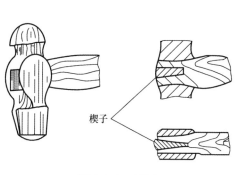

图 3.3-3 锤子

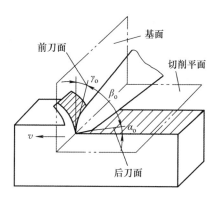

图 3.3-4 錾削时錾子几何角度

3. 錾削技能

（1）錾子的刃磨 右手大拇指和食指成蟹钳状捏牢錾子鳃部；左手大拇指在上，其余四指在下握紧錾柄。刃磨时，左手握錾的食指靠导在砂轮机托架外侧；右手轻稳地将錾子的楔面接触在高于砂轮中心线处，并调整好刃磨位置，使刃磨的楔面与錾子几何中心平面的夹角为楔角的1/2，如图 3.3-5 所示。刃磨时要让刃磨平面沿砂轮轴线左右平稳移动，施力均匀，并注意对錾子浸水冷却。对两楔面交替刃磨，磨至两楔面平整，錾刃平齐，楔角符合使用要求为止。

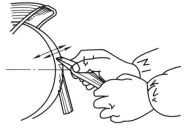

图 3.3-5 錾子的刃磨

（2）錾削方法

1）錾子的握法如图 3.3-6 所示。錾子主要用左手的中指、无名指握住，小指自然合拢，食指和大拇指自然接触，錾子头部伸出约 20mm。轻松自如地握稳

67

錾子,不能握得太紧,以免敲击时掌心承受的振动过大,或一旦锤子打偏后伤手。錾削时握錾子的手要保持小臂成水平位置,肘部不能下垂或抬高。

2)锤子的握法。锤子一般采用右手的五个手指满握的方法,大拇指轻轻压在食指上,虎口对准锤头方向,不要歪向一侧,木柄尾端露出 15 ~ 30mm。

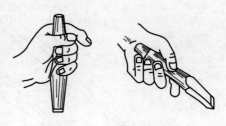

图 3.3-6 錾子的握法

在敲击过程中手指握锤子的方法有两种:紧握法是五个手指从举起锤子至敲击都保持不变,如图 3.3-7a 所示。松握法是在举起锤子时小指、无名指和中指依次放松,敲击时再依次收紧如图 3.3-7b 所示。

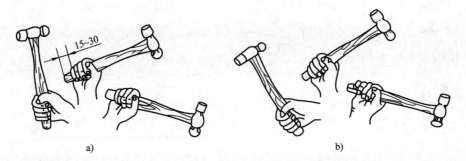

图 3.3-7 锤子的握法
a)紧握法 b)松握法

3)挥锤方法。挥锤有腕挥、肘挥和臂挥三种方法,如图 3.3-8 所示,腕挥是仅挥动手腕进行锤击运动,采用紧握法握锤,一般用于錾削余量较小及起錾和结尾。肘挥是用手腕与肘部一起挥动作锤击运动,采用松握法握锤,因挥动幅度较大,故锤击力也较大,应用也最多。臂挥是手腕、肘和全臂一起挥动,其锤击力最大,用于需要大力锤击的工作。

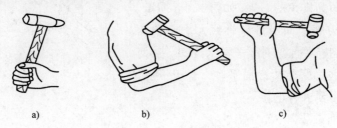

图 3.3-8 挥锤方法
a)腕挥(手腕挥) b)肘挥(小臂挥) c)臂挥(大臂挥)

　　4）錾削姿势。为了充分发挥较大的敲击力量，操作者必须保持正确的站立位置，左脚超前半步，两腿自然站立，人体重心稍微偏于后脚，视线要落在工件的切削部位，如图 3.3-9 所示。

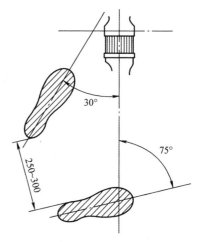

　　5）錾削方法。錾削平面用扁錾进行，每次錾削余量约为 0.5~2mm。錾削时的后角 α_0 约为 5°~8°之间。后角过小易使錾子滑出切削部位，后角过大易扎入工件深处。起錾时，从工件的边缘尖角处着手，由于錾子切削刃与工件的接触面小，故阻力小，只需轻敲，錾刃较易切入材料。一般不予许从边缘尖角处起錾。起錾时切削刃应抵紧起錾部位，錾子头部向下倾斜，使錾子与工件起錾端面基本垂直，再轻敲錾子，即可容易准

图 3.3-9　錾削站立姿势

确和顺利地起錾。起錾方法如图 3.3-10 所示，起錾完成后，按正常方法进行平面錾削。

　　錾削铰窄的平面时，錾子的切削刃最好与錾削的前进方向倾斜一个角度，而不是保持垂直角度，其目的是使切削刃与工件有较大的接触面，且錾子也容易掌握平稳。

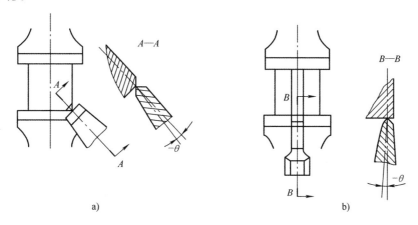

图 3.3-10　起錾方法

a）斜角起錾　b）正面起錾

　　錾削较宽的平面时，由于切削面的宽度超过錾子的宽度，扁錾切削部分的两侧易被卡住，增加切削阻力，且不易掌握錾子，影响錾削质量。所以一般应先用

狭錾间隔开槽，再用扁錾錾去剩余部分。

当錾削快到尽头时，必须调头錾削，否则极易使工件边缘崩裂，造成废品。

（3）錾削的废品分析

1）工件錾削表面过分粗糙，凹凸不平，使后道工序无法去除其錾削痕迹。

2）工件上棱角有崩裂而造成缺损，甚至因用力不当而錾坏整个工件。

3）起錾和錾削超过尺寸界线，造成尺寸过小而无法继续加工。

4）工件夹持不当，在錾削力作用下造成被夹持面损坏。

（4）錾削的注意事项

1）錾子要保持锋利，过钝的錾子不但工作费力，錾削表面不平整，且容易产生打滑或伤手。

2）錾子头部有明显毛刺时要及时磨掉，避免铁屑碎裂飞出伤人，操作者也必须戴上防护眼镜。

3）锤子木柄有松动或损坏时要及时更换，以防止锤头飞出。

4）錾子头部、锤子头部和柄部均不应沾油，以防止打滑。

5）掌握动作要领，錾削疲劳时要做适当休息。

6）工件必须夹持稳固，伸出钳口高度 10～15mm，且工件下要加垫木。

四、任务实施

（1）备料　根据图样要求准备好 87mm×82mm×10mm 的毛坯件。

（2）工具　平板、方箱、游标高度卡尺、扁錾、钢直尺、软钳口、毛刷、钳工锤、防护眼镜等。

（3）操作步骤见表 3.3-1。

表 3.3-1　錾削加工步骤及工艺流程

序号	工艺流程图	工艺流程	注意事项
1		按照图样要求，用方箱和游标高度卡尺在平板上划出錾削加工界线	线条清晰
2		用台虎钳夹紧圆棒两端面，根据所划线条一层一层錾削出平面	注意平面度和垂直度公差为 0.6mm，尺寸达到 25mm

（续）

序号	工艺流程图	工艺流程	注意事项
3	20	将工件翻转夹紧，以第一个錾削面为基准，按线錾削出第二个平面	注意平面度和垂直度公差为 0.6mm，及平行度公差为 0.8mm，尺寸达到 20mm±1mm
4	25	将工件夹持部位换成两个已加工表面，分别以第一个面与断面为基准按线錾削第三个平面	注意平面度公差为 0.6mm，垂直度公差为 0.6mm，尺寸达到 25mm
5	20 20	将工件翻转夹紧，以第三个錾削面为基准，按线錾削出第四个平面	注意平面度和垂直度公差为 0.6mm，及平行度公差为 0.8mm，尺寸达到 20mm±1mm
6		全面检查尺寸、平面度和垂直度，并做必要的修整性錾削	无毛刺

（4）任务评价见表 3.3-2。

表 3.3-2　錾削操作评分表

序号	评分项目及标准	配分	检验结果	得分
1	20mm ± 1mm（两处）	16		
2	◇ 0.5 （四面）	20		
3	⊥ 0.6 A （四面）	20		
4	⊥ 0.6 B	8		
5	// 0.8 B	8		
6	// 0.8 C	8		
7	使用工具正确，操作姿势正确	10		
8	安全文明生产	10		
	合计	100		

任务 3.4　锉　　削

一、任务目标

1）了解锉刀的种类。

2）掌握锉削的姿势。

3）掌握锉削操作并达到一定的锯削精度。

4）掌握锉削时两手用力的方法，保持锉刀的平稳。

5）掌握锉削平面的平面度检验的方法。

二、任务分析

由图 3.4-1 分析可知，本任务是通过锉削的方法对原来锯削（或錾削）后留下的表面进行再加工，使其精度得到进一步的提高，锉削后其平面度公差在 0.1mm 以内，平行度公差在 0.1mm 以内，尺寸公差在 0.1mm 以内，表面粗糙度值 $Ra3.2\mu m$。

三、任务相关知识点

用锉刀对工件表面进行切削加工的方法称为锉削。锉削的精度可达到 0.01mm，表面粗糙度值可达到 $Ra0.8\mu m$。

锉削应用十分广泛，可锉削平面、曲面、内外表面、沟槽和各种形状复杂的表面。锉削还可以配键、制作样板以及装配时对工件进行修整等。

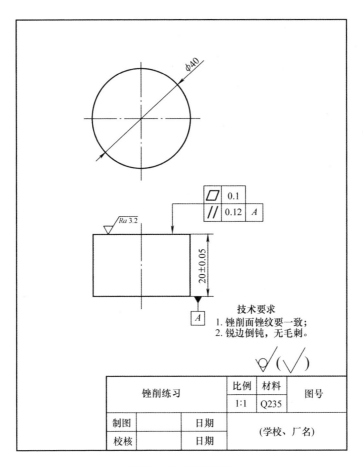

图 3.4-1　锉削图样

1. 锉刀

锉刀由碳素工具钢 T12、T13 和 T12A、T13A 制成，经热处理淬硬，其切削部分的硬度达 62HRC 以上。

（1）锉刀的组成如图 3.4-2 所示　锉刀由锉身和锉柄两部分组成。锉刀面是锉削的主要工作面，锉刀舌则用来装锉刀柄。

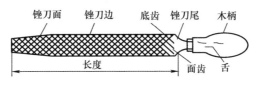

图 3.4-2　锉刀各部分名称

（2）锉齿和锉纹　锉刀有无数个锉齿，锉削时每个锉齿都相当于一把錾子在对材料进行切削。锉纹是锉齿有规律排列的图案。锉刀的齿纹有单齿纹和双齿纹两种,如图 3.4-3 所示。

1)单齿纹如图 3.4-3a 所示。单齿纹指锉刀上只有一个方向上的齿纹,锉削时全齿宽同时参加切削,切削力大,因此常用来锉削软材料。

2)双齿纹如图 3.4-3b 所示。双齿纹指锉刀上有两个方向排列的齿纹,齿纹浅的叫底齿纹,齿纹深的叫面齿纹。底齿纹和面齿纹的方向和角度不一样,锉削时能使每一齿的锉痕交错而不重叠,使锉削表面粗糙度值小。

采用双齿纹锉刀锉削时,锉屑是碎断的,切削力小,再加上锉齿强度高,所以适应于硬材料的锉削。

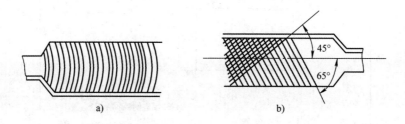

图 3.4-3   锉刀的齿纹

a)单齿纹   b)双齿纹

(3)锉刀的种类   锉刀按其用途不同可分为普通钳工锉、异形锉和整形锉三种。

普通钳工锉按其断面形状又可分为扁锉(板锉)、方锉、三角锉、半圆锉和圆锉等五种。

异形锉有刀口锉、菱形锉、扁三角锉、椭圆锉、圆肚锉等。异形锉主要用于锉削工件上特殊的表面。

整形锉又称什锦锉,主要用于修整工件细小部分的表面。

(4)锉刀的规格及选用   锉刀的规格分尺寸规格和齿纹粗细规格两种。方锉刀的尺寸规格以方形尺寸表示;圆锉刀的规格用直径表示;其他锉刀则以锉身长度表示。钳工常用的锉刀锉身长度有 100mm、125mm、150mm、200mm、250mm、300mm、350mm、400mm 等多种。

齿纹粗细规格,以锉刀每 10mm 轴向长度内主锉纹的条数表示。主锉纹指锉刀上起主要切削作用的齿纹;而另一个方向上起分屑作用的齿纹,称为辅助齿纹。

锉刀齿纹粗细规格的选用见表 3.4-1。

表 3.4-1 锉刀齿纹粗细规格的选用

锉刀粗细	锉削余量/mm	尺寸公差/mm	表面粗糙度/μm
1 号（粗齿锉刀）	0.5 ~ 1	0.2 ~ 0.5	$Ra100 ~ Ra25$
2 号（中齿锉刀）	0.2 ~ 0.5	0.05 ~ 0.2	$Ra25 ~ Ra6.3$
3 号（细齿锉刀）	0.1 ~ 0.3	0.02 ~ 0.05	$Ra12.5 ~ Ra3.2$
4 号（双细齿锉刀）	0.1 ~ 0.2	0.01 ~ 0.02	$Ra6.3 ~ Ra1.6$
5 号（油光锉）	0.1 以下	0.01	$Ra1.6 ~ Ra0.8$

2. 锉削技能训练

（1）锉刀握法 锉刀的握法正确与否，对锉削质量、锉削力量的发挥和人体疲劳程度都有一定的影响。

大于 250mm 的扁锉，由右手握紧手柄，柄端顶住掌心，大拇指放在柄的上部，其余四指满握手柄。左手用中指、无名指捏住锉刀的前端，大拇指根部压在锉刀头上，食指、小拇指自然收拢。

（2）锉削姿势 锉削时身体重心要落在左脚上，右膝伸直，左膝随锉削的往复运动而屈伸。

锉削开始前，身体向前倾斜 10°左右，右肘尽量向后收缩；锉削最初 1/3 行程时，身体前倾 15°左右，左膝稍有弯曲；锉至 2/3 行程时，右肘向前推进锉刀，身体逐渐倾斜到 18°左右；锉削最后 1/3 行程时，右肘继续推进锉刀，身体则随锉削时的反作用力自然地退回到 15°左右；锉削行程结束后，手和身体都恢复到原来姿势，同时将锉刀略提起退回，如图 3.4-4 所示。

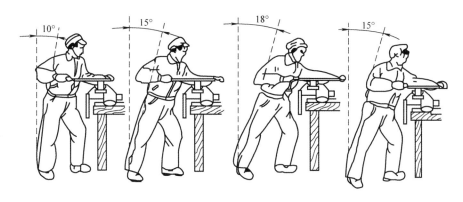

图 3.4-4 锉削姿势

（3）锉削力和锉削速度如图 3.4-5 所示 要锉出平直的平面，必须使锉刀保持水平直线的锉削运动。锉削前进时，左手所加的压力由大逐渐减小，而右手的压力由小逐渐增大，回程时不加压力，以减小锉齿的磨损。锉削速度一般控制在 40 次/min 以内，推出时稍慢，回程时稍快，动作协调自如。

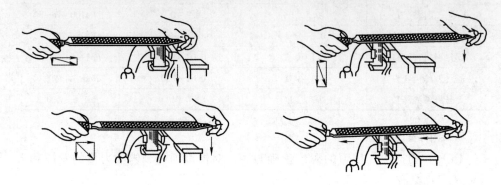

图 3.4-5　锉平面时的两手用力

（4）锉削方法

1）平面锉削

① 顺向锉法如图 3.4-6 所示。顺向锉是最普通的锉削方法。锉刀运动方向与工件夹持方向始终一致，面积不大的平面和最后锉光都采用这种方法。顺向锉可得到正直的锉痕，比较整齐美观，精锉时常采用。

② 交叉锉如图 3.4-7 所示。锉刀运动方向与工件夹持方向约呈 35°，且锉痕交叉。交叉锉时锉刀与工件的接触面增大，锉刀容易掌握平稳。交叉锉一般适用于粗锉。

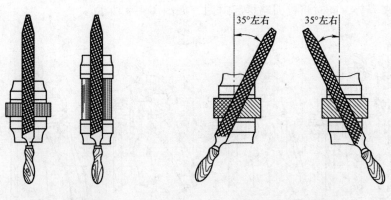

图 3.4-6　顺向锉法　　　　　　　图 3.4-7　交叉锉法

锉平面时，不管是顺向锉还是交叉锉，为了使整个加工面都能均匀地锉到，一般在每次抽回锉刀时，在横向上做适当移动，如图 3.4-8 所示。

③ 推锉法如图 3.4-9 所示。推锉一般用来锉削狭长平面，使用顺向锉法，

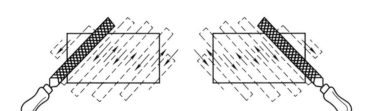

图 3.4-8 锉刀做横向移动

锉刀受阻时采用。推锉不能充分发挥手臂的力量，故推锉效率低，只适用于加工余量较小和修整尺寸时采用。

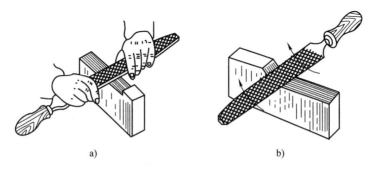

a)   b)

图 3.4-9 推锉法

2）平面锉削平面度检验。一般用钢直尺或刀口形直尺做透光检验，刀口形直尺沿加工面的纵向、横向和对角线方向逐一进行检验，以透光线的均匀程度来判断加工面是否平直，如图 3.4-10 所示。平面度误差值可用塞尺来检查确定。

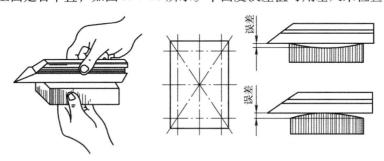

图 3.4-10 平面度检验

3）其他表面锉削

① 外圆弧面锉削　锉外圆弧面的方法有两种，一种是采用扁锉顺着圆弧锉削的方法，如图 3.4-11a 所示。锉刀做前进运动的同时绕工件的圆弧中心做上下摆动，右手下压的同时左手上提。这种方法效率不高，只适用精锉外圆弧面。另

一种是用扁锉对着圆弧面锉削的方法，如图3.4-11b所示。锉刀做直线推进的同时绕圆弧面中心做圆弧摆动，待圆弧面接近尺寸时再用顺着圆弧面锉削的方法精锉成形，这种方法适用于圆弧面的粗加工。

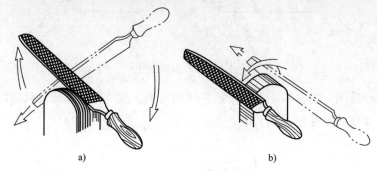

图 3.4-11　外圆弧面锉削

a）顺着圆弧面锉削　b）对着圆弧面锉削

② 内圆弧面锉削。内圆弧面锉削采用圆锉、半圆锉。锉削时锉刀要同时完成三个运动：前进运动、顺圆弧面向左或向右移动、绕锉刀中心线转动，如图3.4-12所示。只有三个运动协调完成，才能锉好内圆弧面。

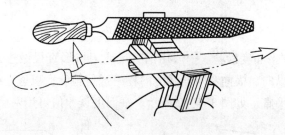

图3.4-12　内圆弧面锉削

③ 球面锉削。球面锉削是外圆弧面锉削方法中的顺向锉与横向锉的有机结合，如图3.4-13 所示。

3. 锉削的废品分析

1）划线不准确或锉削过程中的检查测量有误，造成尺寸精度不合格。

2）一次锉削量过大而没有及时测量，造成锉过了尺寸界线。

3）锉削的技术要领掌握得不好，粗心大意，只顾锉削，不顾已加工好的面。

4）选用锉刀不当，造成加工表面粗糙度超差。

5）没有及时清理加工面上和锉刀齿纹中的铁屑，造成加工表面划伤。

6）工件的装夹部位或夹持力不正确，造成工件变形。

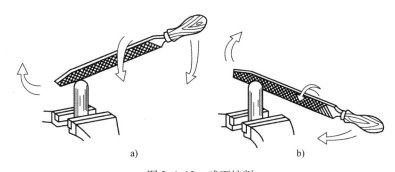

图 3.4-13 球面锉削

a）顺向锉运动 b）横向锉运动

4. 锉削注意事项

1）锉削时应用毛刷清理铁屑，不得用嘴吹或手擦。

2）锉刀放置不得露出钳工台边。

3）锉刀柄要装牢，不要使用锉刀柄有裂纹的锉刀。

4）夹持以已工面时应使用保护片，夹大工件要加木垫。

四、任务实施

（1）备料 根据图样要求准备好 $\phi 40mm \times 21mm$ 的毛坯件。

（2）工具 平板、方箱、游标高度卡尺、游标卡尺、刀口形直尺、锉刀、软钳口、锉刀刷、毛刷等。

（3）操作步骤见表 3.4-2。

表 3.4-2 加工步骤及工艺流程

序号	工艺流程图	工艺流程	注意事项
1		按照图样要求，用方箱和游标高度卡尺在平板上划出锉削加工界线	线条清晰
2		用台虎钳夹紧工件，根据所划线条用粗齿大锉刀进行粗加工	余量控制在 0.2mm 左右，为下一步精加工做准备

（续）

序号	工艺流程图	工艺流程	注意事项
3	 20 ± 0.05	用细齿锉刀对表面进行精加工	加工时多用量具测量来保证平面度、平行度及尺寸公差
4		全面检查尺寸和平面度，并做必要的修整性加工	无毛刺

（4）任务评价见表3.4-3。

表3.4-3　锉削操作评分表

序号	评分项目及标准	配分	检验结果	得分
1	20mm ± 0.05mm（两处）	20		
2	◇ 0.1	20		
3	// 0.12 A	20		
4	表面粗糙度值 Ra3.2μm	15		
5	使用工具正确，操作姿势正确	15		
6	安全文明生产	10		
	合计	100		

项目 4

孔 加 工

【学习目标】

1. 了解麻花钻规格、性能，并懂得工件钻孔时的装夹方法。

2. 掌握钻孔操作方法并保证孔精度。

3. 了解扩孔钻的特点。

4. 掌握扩孔操作方法并保证孔精度。

5. 掌握锪钻的分类。

6. 掌握锪孔操作方法并达到一定精度。

7. 了解铰刀规格、性能，并懂得工件铰孔时的装夹方法。

8. 了解铰刀的特点。

9. 掌握铰孔操作方法并保证孔精度。

10. 掌握铰孔缺陷及产生的原因。

任务 4.1　钻孔、扩孔及锪孔

一、任务目标

1）了解麻花钻规格、性能，并懂得工件钻孔时的装夹方法。

2）掌握钻孔操作方法并保证孔精度。

3）了解扩孔钻的特点。

4）掌握扩孔操作方法并保证孔精度。

5）掌握锪钻的分类。

6）掌握锪孔操作方法并达到一定精度。

二、任务分析

由图 4.1-1 分析可知，本任务是通过钻孔、扩孔、铰孔和锪孔的方法加工出图样所需形状，图中所有孔都应有扩孔过程，其中有四个孔需铰孔，一个孔需锪孔，在加工孔的过程中，其孔与孔之间的中心距要控制好，精度达到图样要求。

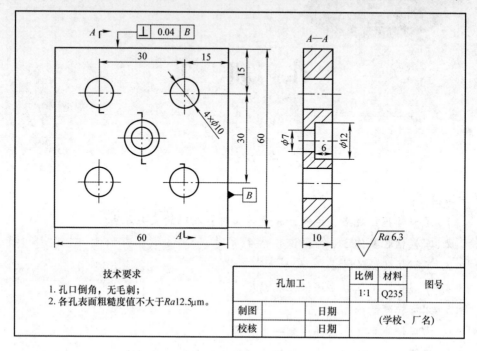

图 4.1-1　孔加工图样

三、任务相关知识点

1. 钻孔

用钻头在实体工件上加工出孔的方法称为钻孔。

在钻床上进行钻孔时，钻头的旋转是主运动，钻头沿轴向移动是进给运动。

（1）麻花钻

1）麻花钻的组成。麻花钻由柄部、颈部和工作部分组成，如图 4.1-2 所示。

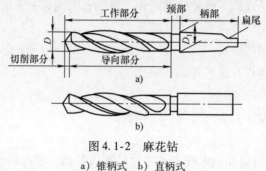

图 4.1-2　麻花钻

a）锥柄式　b）直柄式

① 柄部。麻花钻有锥柄式（见图 4.1-2a）和直柄式（见图 4.1-2b）两种。一般钻头直径小于 $\phi 13mm$ 的制成直柄，大于 $\phi 13mm$ 的制成锥柄。柄部是麻花钻的夹持部分，它的作用是定心和传递转矩。

② 颈部。磨削麻花钻时作退刀槽使用，钻头的规格、材料及商标常打印在颈部。

③ 工作部分。工作部分由切削部分和导向部分组成。切削部分主要起切削工件的作用。导向部分的作用不仅是保证钻头钻孔时的正确方向、修光孔壁，同时还是切削部分的后备。

2）麻花钻工作部分的几何形状。麻花钻的切削部分可以看作是正反两把车刀，所以它的几何角度定义及辅助平面的概念都和车刀的基本相同，但又有其自身的特殊性，如图 4.1-3 所示。

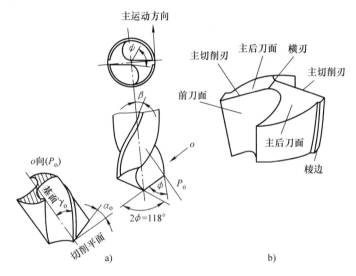

图 4.1-3 麻花钻的几何形状

a）麻花钻的角度 b）麻花钻各部分名称

① 螺旋槽。钻头有两条螺旋槽，它的作用是构成切削刃，利于排屑和切削液畅通。螺旋槽面又叫前刀面。螺旋角（β）是钻头最外缘螺旋线的切线与钻头轴线的夹角。标准麻花钻的螺旋角在 $18° \sim 30°$ 之间。

② 主后刀面。指钻头顶部的螺旋圆锥面。

③ 顶角（2ϕ）。钻头两主切削刃在其平行平面内投影的夹角。顶角大，主切削刃短，定心差，钻出的孔径易扩大。但顶角大时前角也大，切削比较轻快。标准麻花钻的顶角为 118°，顶角为 118°时两主切削刃是直线。大于 118°时主切削刃呈凹形曲线，小于 118°时呈凸形曲线。

④ 前角（γ_o）。前角是前刀面和基面的夹角。前角大小与螺旋角、顶角和钻心直径有关，而影响最大的是螺旋角。螺旋角越大，前角也就越大。前角大小是变化的，其外缘处最大，自外缘向中心渐小，在钻心至 $\frac{D}{3}$ 范围内为负值；接近横刃处的前角约为 $-30°$。

⑤ 后角（α_o）。后角是主后刀面与切削平面之间的夹角。后角是在圆柱面测量的，后角也是变化的，其外缘处最小，越接近钻心后角越大。

⑥ 横刃。钻头两主切削刃的连线（就是两主后刀面的交线）称为横刃。横刃太长进给力增大，横刃太短又会影响钻头的强度。

⑦ 横刃斜角（ψ）。在垂直于钻头轴线的端面投影中，横刃与主切削刃所夹的锐角，称为横刃斜角。它的大小主要由后角决定，后角大，横刃斜角小，横刃变长。标准麻花钻的横刃斜角一般为 $55°$。

⑧ 棱边。棱边有修光孔壁和做切削部分后备的作用。为减小与孔壁的摩擦，在麻花钻上制造了两条略带倒锥的棱边（又称刃带）。

3）麻花钻的刃磨。刃磨麻花钻时，主要是刃磨两个主后刀面，同时要保证后角、顶角和横刃斜角正确。所以麻花钻的刃磨也是钳工较难掌握的一项操作技能。

麻花钻刃磨后必须达到以下两点要求：

① 麻花钻两主切削刃对称，也就是两主切削刃和轴线成相等的角度，并且长度相等。

② 横刃斜角为 $50° \sim 55°$。

（2）麻花钻的修磨　钻头使用变钝或根据不同的钻削要求而需要改变钻头切削部分的几何形状时，需要对钻头进行修磨。

1）修磨主切削刃　磨主切削刃时，要将主切削刃置于水平状态，在略高于砂轮水平中心平面上进行刃磨，钻头轴线与砂轮圆柱面素线在水平面内的夹角等于钻头顶角 2ϕ 的一半。

刃磨时，右手握住钻头的头部作为定位支点，并控制好钻头绕轴线的转动和加在砂轮上的压力，左手握住钻头的柄部做上下摆动。钻头绕自己的轴线转动的目的是使其整个后刀面都能磨到，上下摆动的目的是为了磨出一定的后角。两手的动作必须配合协调。由于钻头的后角在钻头的不同半径处是不相等的，所以摆动角度的大小要随后角的大小而变化。

一个主切削刃磨好后，钻头绕轴线翻转 $180°$ 刃磨另一主切削刃，这样就能使磨出的顶角 2ϕ 关于轴线保持对称。

修磨主切削刃应注意以下几点:

① 检查顶角 2ϕ 的大小是否准确,两切削刃是否对称。其方法是把钻刃向上竖立,两眼平视,由于两主切削刃一前一后,会产生视差,往往感到左刃(前刃)高而右刃(后刃)低,所以要旋转180°反复观察,判断是否对称。

② 检查钻头主切削刃的后角 α_o 时,要注意检查后刀面靠近切削刃处。因为后刀面是曲面,若只粗略地检查后刀面离切削刃较远的部位,往往检查出来的数值不是切削刃处的后角大小。

③ 检查钻头近钻心处的后角还可以通过检查横刃斜角 ψ 是否准确来确定。

④ 修磨主切削刃是钻头刃磨的基本技能,修磨过程中,其主切削刃和顶角、后角及横刃斜角是同时磨出的,要求熟练掌握。

2)修磨横刃。修磨横刃时,先将切削刃背接触砂轮,然后转动钻头至切削刃的前刀面而把横刃磨短,钻头绕其轴线转180°修磨另一边,保证两边修磨对称。

(3)钻孔操作方法

1)准确划线。钻孔前,首先应熟悉图样要求,按钻孔的位置尺寸要求,使用高度尺划出孔位置的十字中心线,要求线条清晰准确;线条越细,精度越高。由于划线的线条总有一定的宽度,而且划线的一般精度在 0.25~0.5mm,所以划完线以后要使用游标卡尺或钢直尺进行检验,若对于划线后检验做得不够,拿着划错线的工件进行钻孔,根本保证不了孔的位置精度。因此,一定要养成划完线后进行检验的好习惯。

2)划检验方格或检验圆。划完线并检验合格后,还应划出以孔中心线为对称中心的检验方格或检验圆,作为试钻孔时的检查线,以便钻孔时检查和借正钻孔位置。一般可以划出几个大小不一的检验方格或检验圆,小检验方格或检验圆略大于钻头横刃,大的检验方格或检验圆略大于钻头直径。

3)打样冲点。划出相应的检验方格或检验圆后应认真打样冲点。先打一小点,在十字中心线的不同方向仔细观察,样冲点是否打在十字中心线的交叉点上,最后把样冲点用力打正、打圆、打大,以便准确落钻定心,这是提高钻孔位置精度的重要环节,样冲点打正了,就可使钻心的位置正确,钻孔一次成功;打偏了,则钻孔也会偏,那么就必须借正补救。经检查孔样冲点的位置准确无误后方可钻孔。

打样冲点有一小窍门:将样冲倾斜着样冲尖放在十字中心线上的一侧向另一侧缓慢移动,移动时,当感觉到某一点有阻塞的感觉时,停止移动直立样冲,就会发现这一点就是十字中心线的中心,此时在这一点打出的样冲点就是十字中心线的中心。也可以多试几次，就会发现样冲总会在十字中心线的中心处有阻塞的感觉。

4）工件的装夹。工件钻孔时，要根据工件的不同形状以及钻削力的大小等情况，采用不同的装夹方法，以保证孔的质量和安全。常用的基本装夹方法如下：

① 平整的工件可用机用虎钳装夹，装夹时，应使工件表面与钻头垂直。钻直径大于 $\phi 8 mm$ 的孔时，必须将机用虎钳用螺钉或压板固定。钻通孔时，工件底部应垫上垫铁，空出落钻位置，以免钻伤钳身。

② 圆柱形的工件可用 V 形架对工件装夹，装夹时应使钻头轴线垂直通过 V 形架的对称平面，保证钻出孔的中心线通过工件的轴线。

③ 对较大的工件钻孔且钻孔直径在 10mm 以上时，可用阶梯垫铁配压板夹持的方法进行钻孔。在调压板时应注意：

a. 压板厚度与压紧螺钉直径的比例要适当，不能使压板弯曲变形而影响压紧力。

b. 压板螺钉应尽量靠近工件，垫铁应比压紧面略高，以保证对工件有较大的压紧力和避免工件在夹紧过程中移位。

c. 当压紧表面为已加工表面且需要保护时，要用衬垫保护以防压出印痕。

5）试钻。钻孔前必须先试钻：使钻头横刃对准孔中心样冲点钻出一浅坑，然后目测该浅坑位置是否正确，并要不断纠偏，使浅坑与检验圆同轴。如果偏离较小，可在起钻的同时用力将工件向偏离的反方向推移，达到逐步矫正。如果偏离过多，可以在偏离的反方向打几个样冲点或用錾子錾出几条槽，这样做的目的是减少该部位切削阻力，从而在切削过程中使钻头产生偏离，调整钻头中心和孔中心的位置。试钻切去錾出的槽，再加深浅坑，直至浅坑和检验方格或检验圆重合后，达到修正的目的再将孔钻出。

注意：无论采用什么方法修正偏离，都必须在锥坑外圆小于钻头直径之前完成。如果不能完成，在条件允许的情况下，还可以在背面重新划线重复上述操作。

6）钻孔。钳工钻孔一般以手动进给操作为主，当试钻达到钻孔位置精度要求后，即可进行钻孔。手动进给时，进给力量不应使钻头产生弯曲现象，以免孔轴线歪斜。钻小直径孔或深孔时，要经常退钻排屑，以免切屑阻塞而扭断钻头，一般在钻孔深度达直径的 3 倍时，一定要退钻排屑。此后，每钻进一些就应退屑，并注意冷却润滑，钻孔的表面粗糙度值要求很小时，还可以选用 3% ~ 5% 乳化液、7%硫化乳化液等起润滑作用的切削液。

钻孔将钻透时，手动进给用力必须减小，以防因进给量突然过大、增大了切削抗力，造成钻头折断，或使工件随着钻头转动造成事故。

（4）钻孔的注意事项

1）操作钻床时不可戴手套，袖口必须扎紧，女工必须戴工作帽。

2）用钻夹头装夹钻头时要用钻夹头钥匙，不可用扁铁和锤子敲击，以免损坏钻夹头和影响钻床主轴精度。工件装夹时，必须做好装夹面的清洁工作。

3）工件必须夹紧，特别在小工件上钻较大直径孔时装夹必须牢固，孔将钻穿时，要尽量减小进给力。在使用过程中，工作台面必须保持清洁。

4）起动钻床前，应检查是否有钻夹头钥匙或斜铁插在钻轴上。使用前必须先空转试车，在机床各机构都能正常工作时才可操作。

5）钻孔时不可用手和棉纱头或用嘴吹来清除切屑，必须用毛刷清除，钻出长条切屑时，要用钩子钩断后除去。钻通孔时必须使钻头能通过工作台面上的让刀孔，或在工件下面垫上垫铁，以免钻坏工作台面。钻头用钝后必须及时修磨锋利。

6）操作者的头部不准与旋转着的主轴靠得太近，停车时应让主轴自然停止，不可用手去制动，也不能用反转制动。

7）严禁在开车状态下装拆工件。检验工件和变换主轴转速，必须在停车状况下进行。

8）清洁钻床或加注润滑油时，必须切断电源。

9）钻床不用时，必须将机床外露滑动面及工作台面擦净，并对各滑动面及各注油孔加注润滑油。

2. 扩孔

用扩孔钻对工件上原有的孔进行扩大加工的方法称为扩孔。扩孔加工质量较高，一般公差等级可达到 IT10～IT9 级，表面粗糙度值 Ra 可达 12.5～3.2μm，常作为孔的半精加工及铰孔前的预加工。

扩孔时切削深度（a_p）的计算公式

$$a_p = \frac{D - d}{2} \text{mm}$$

式中　D——扩孔后的直径（mm）；

　　　d——扩孔前的孔径（mm）。

由此可见，扩孔加工有以下特点：

1）切削深度 a_p 较钻孔时大大减小，切削阻力小，切削条件大大改善。

2）避免了横刃切削所引起的不良影响。

3）产生切屑体积小，排屑容易。

（1）扩孔钻　由于扩孔条件大大改善，所以扩孔钻的结构与麻花钻相比较有较大不同。其结构特点是：

1）因中心不切削，没有横刃，切削刃只做成靠边缘的一段。

2）因扩孔产生切屑体积小，不需大容屑槽，从而扩孔钻可以加粗钻芯，提高刚度，使切削平稳。

3）由于容屑槽较小，扩孔钻可做出较多刀齿，增强导向作用。一般整体式扩孔钻有 3 ~ 4 个齿。

4）因切削深度较小，切削角度可取较大值，使切削省力。

（2）扩孔注意事项

1）钻孔后，在不改变钻头与机床主轴相互位置的情况下，应立即换上扩孔钻进行扩孔，使钻头与扩孔钻的中心重合，以保证加工质量。

2）选择合适的切削用量（进给量一般为钻孔时的 1.5 ~ 2 倍，切削速度约为钻孔的 1/2）进行扩孔。

3）实际生产中，一般用麻花钻代替扩孔钻使用。扩孔钻多用于成批大量生产。

3. 锪孔

锪孔是指在已加工的孔上加工圆柱形沉孔、锥形沉孔和凸台端面等，如图 4.1-4 所示。锪孔时使用的刀具称为锪钻，一般用高速钢制造。

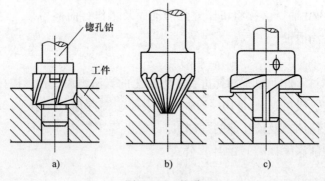

图 4.1-4　锪孔

a）锪沉孔　b）锪锥孔　c）锪孔口平面

（1）锪孔的目的　锪孔的目的是为了保证孔口与孔中心线的垂直度，以便与孔连接的零件位置正确，连接可靠。在工件的连接孔端锪出柱形或锥形埋头孔，用埋头螺钉埋入孔内把有关零件连接起来，使外观整齐，装配位置紧凑。将孔口端面锪平，并与孔中心线垂直，能使连接螺栓（或螺母）的端面与连接件保持良好接触。

（2）锪钻的分类 锪钻分为柱形锪钻、锥形锪钻、端面锪钻三种。

① 柱形锪钻用于锪圆柱形沉孔。柱形锪钻起主要切削作用的是端面切削刃，螺旋槽的斜角就是它的前角。锪钻前端有导柱，导柱直径与工件已有孔为紧密的间隙配合，以保证良好的定心和导向。这种导柱有些是可拆的，也可以把导柱和锪钻做成一体。

② 锥形锪钻用于锪锥形沉孔。锥形锪钻的圆锥角按工件锥形沉孔的要求不同，有60°、75°、90°、120°四种。其中90°的用得最多。

③ 端面锪钻专门用来锪平孔口端面。端面锪钻可以保证孔的端面与孔中心线的垂直度。当已加工的孔径较小时，为了使刀杆保持一定强度，可将刀杆头部的一段直径与已加工孔为间隙配合，以保证良好的导向作用。

（3）锪孔的注意事项 锪孔方法和钻孔方法基本相同。锪孔时存在的主要问题是由于刀具振动而使所锪孔口的端面或锥面产生振痕，使用麻花钻改制锪钻，振痕尤为严重。为了避免这种现象，在锪孔时应注意以下几点。

① 锪孔时的切削速度应比钻孔低，一般为钻孔切削速度的1/3～1/2。同时，由于锪孔时的轴向抗力较小，所以手进给压力不宜过大，并要均匀。精锪时，往往采用钻床停车后的主轴惯性来锪孔，以减少振动而获得光滑表面。

② 锪孔时，由于锪孔的切削面积小，标准锪钻的切削刃数目多，切削较平稳，所以进给量为钻孔的2～3倍。

③ 尽量选用较短的钻头来改磨锪钻，并注意修磨前面，减小前角，以防止扎刀和振动。用麻花钻改磨锪钻，刃磨时，要保证两切削刃高低一致、角度对称，保持切削平稳。后角和外缘处前角要适当减小，选用较小后角，防止多角形，以减少振动，以防扎刀。同时，在砂轮上修磨后再用油石修光，使切削均匀平稳，减少加工时的振动。

④ 锪钻的刀杆和刀片，配合要合适，装夹要牢固，导向要可靠，工件要压紧，锪孔时不应发生振动。

⑤ 要先调整好工件的螺栓通孔与锪钻的同轴度，再做工件的夹紧。调整时，可旋转主轴做试钻，使工件能自然定位。工件夹紧要稳固，以减少振动。

⑥ 为控制锪孔深度，在锪孔前可对钻床主轴（锪钻）的进给深度，用钻床上的深度标尺和定位螺母，做好调整定位工作。

⑦ 当锪孔表面出现多角形振纹等情况时，应立即停止加工，并找出钻头刃磨等问题，及时修正。

⑧ 锪钢件时，因切削热量大，要在导柱和切削表面加润滑油。

四、任务实施

（1）备料　根据图样要求准备好 60mm×60mm×10mm 的毛坯件。

（2）工具　钻床、平板、方箱、游标高度卡尺、游标卡尺、通止规、麻花钻、锪钻、样冲、整形锉、锉刀刷、软钳口、毛刷等。

（3）操作步骤见表 4.1-1。

表 4.1-1　加工步骤及工艺流程

序号	工艺流程图	工艺流程	注意事项
1	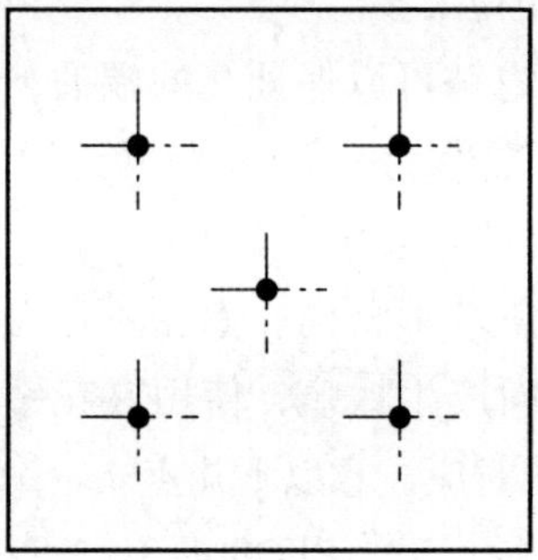	按照图样要求，用方箱和游标高度卡尺在平板上划出各孔的十字中心线，并在圆心处打上样冲点	线条清晰、冲点位置准确
2	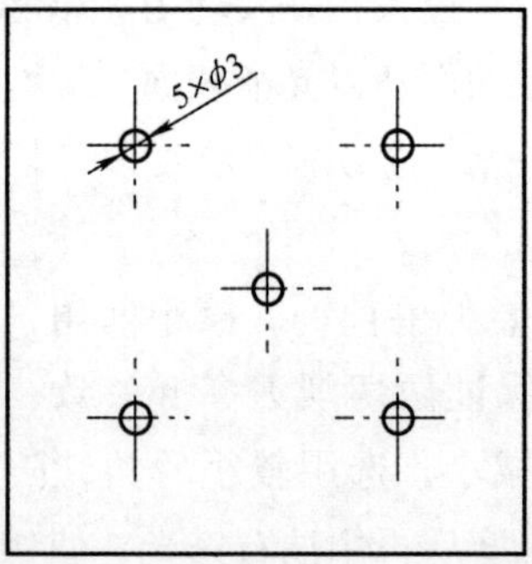	用机用虎钳夹紧工件，根据所打样冲点在台钻上用 ϕ3mm 钻头打出所有孔的定位孔	钻孔过程中钻头中心要对准样冲点，钻完孔用卡尺测量一遍孔的中心距，有不准的，用整形锉修整
3	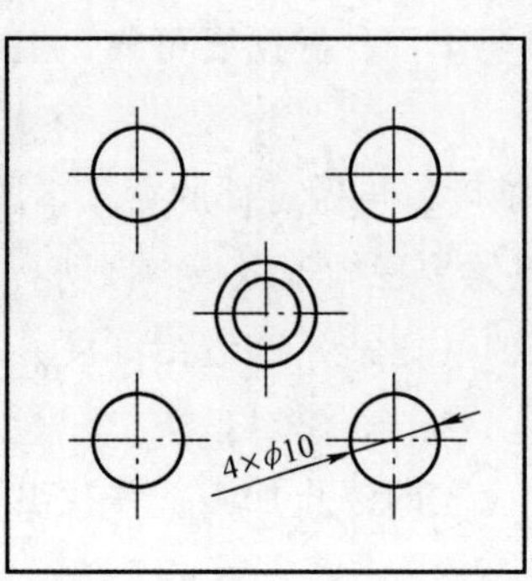	用扩孔钻对所有孔进行扩孔，根据图样要求尺寸扩孔到相应的大小	扩孔时根据所扩孔的大小选择相应的钻头并调整相应的转速

（续）

序号	工艺流程图	工艺流程	注意事项
4	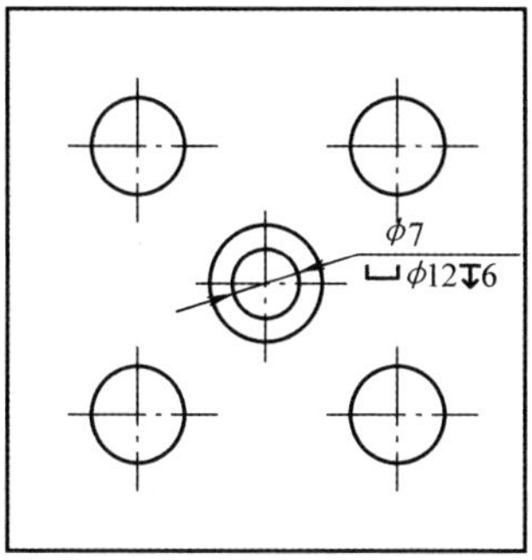	锪沉孔	锪孔时锪孔深度根据钻床主轴刻度尺控制沉孔深度

（4）任务评价见表4.1-2。

表4.1-2 钻扩锪孔操作评分表

序号	评分项目及标准	配分	检验结果	得分
1	$4 \times \phi10mm$	20		
2	定位尺寸15mm 两处	10		
3	定位尺寸30mm 两处	10		
4	$\phi7mm$	10		
5	$\phi12mm$，深6mm	20		
6	各孔表面粗糙度值不大于$Ra12.5\mu m$	20		
7	安全文明生产	10		
	合计	100		

任务4.2 铰 孔

一、任务目标

1）了解铰刀规格、性能，并懂得工件铰孔时的装夹方法。

2）了解铰刀的特点。

3）掌握铰孔操作方法并保证孔精度。

4）掌握铰孔缺陷及产生的原因。

二、任务分析

由图4.2-1分析可知，本任务是通过钻孔、扩孔、铰孔的方法加工出图样所需形状，图中所有孔都应有扩孔过程，其中有两个孔需铰孔，在加工孔的过程中，其孔与孔之间的中心距要控制好，精度达到图样要求。

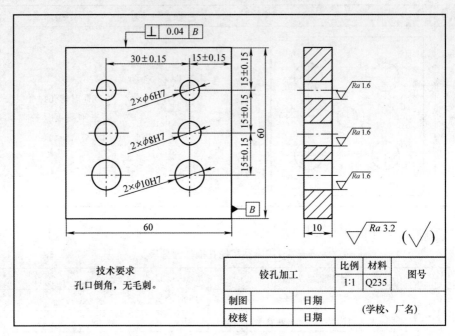

图 4.2-1　铰孔图样

三、任务相关知识点

用铰刀从工件孔壁上切除微量金属层，以获得较高尺寸精度和较小表面粗糙度值的方法称为铰孔。由于铰刀的刀齿数量多，切削余量小，切削阻力小，导向性好，故加工精度高，一般可达 IT9～IT7 级，表面粗糙度值可达 $Ra1.6\mu m$。

（1）铰刀

1）铰刀的组成。铰刀由柄部、颈部和工作部分组成，如图 4.2-2 所示。柄部的作用是用来夹持和传递转矩。柄部形状有锥、直和方形三种。工作部分由引导（ι_1）、切削（ι_2）、修光（ι_3）和倒锥（ι_4）部分组成。引导部分可引导铰刀头部进入孔内，其导向角（κ）一般为 45°。切削部分担负切去铰孔余量的任务。修光部分有棱边（b_{a1}），它起定向、修光孔壁、保证铰刀直径和便于测量等作用。倒锥部分是为了减小铰刀和孔壁的摩擦。铰刀工作时最容易磨损的部位是切削部分与修光部分的过渡处。这个部位直接影响工件表面粗糙度值的大小，不能有尖棱，每一个齿一定要磨得等高。

2）铰刀的种类。铰刀按使用方法不同可分为手用铰刀和机用铰刀。机用铰刀也有锥柄和直柄两种。

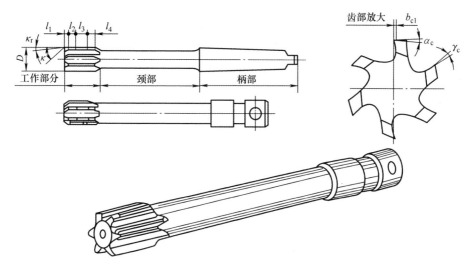

图 4.2-2　铰刀

机用铰刀的特点是工作部分较短，而颈部较长，主偏角较大。标准机用铰刀的主偏角为 15°。

手用铰刀的柄部做成方形，以便扳手或铰杠套入，用手工旋转铰刀来进行铰孔。

铰刀按外部形状又分为直槽铰刀、锥铰刀和螺旋槽铰刀。螺旋槽铰刀特别适于铰削带有键槽的内孔。

（2）铰削用量

① 铰削余量。铰削余量（直径余量）是指上道工序完成后在直径方向留下的加工余量，其具体数值可见表 4.2-1，在一般情况下，对 IT9 和 IT8 级的孔可一次铰出；对 IT7 级的孔，应分为粗铰和精铰；对孔径大于 $\phi 20mm$ 的孔，可先钻孔，再扩孔，然后进行铰孔。

表 4.2-1　铰削余量　　　　　　　　　　　　（单位：mm）

铰孔直径	<5	5~20	21~32	33~50	51~70
铰削余量	0.1~0.2	0.2~0.3	0.3	0.5	0.8

② 机铰时的进给量（f）。铰削钢件及铸铁件时，$f = 0.5 \sim 1mm/r$；铰削铜或铝材料时，$f = 1 \sim 1.2mm/r$。

③ 机铰时的切削速度（v）。用高速钢铰刀铰削钢件时，$v = 4 \sim 8m/min$；铰削铸铁件时，$v = 6 \sim 8m/min$；铰削铜件时，$v = 8 \sim 12m/min$。

（3）铰孔可能出现的问题和产生原因见表 4.2-2。

表 4.2-2　铰孔缺陷及产生的原因

缺陷名称	产生原因
表面粗糙度达不到要求	1. 铰刀切削刃不锋利或有崩裂处，铰刀切削部分和修整部分不光洁 2. 切削刃上粘有积屑瘤，容屑槽内切屑存留过多 3. 铰削余量太大或太小 4. 切削速度太高，以致产生积屑瘤 5. 铰刀退出时反转，手铰时铰刀旋转不平稳 6. 切削液不充足或选择不当 7. 铰刀偏摆过大
孔径扩大	1. 铰刀与孔的中心不重合，铰刀偏摆过大 2. 进给量太大，使铰刀温度上升，直径增大
孔径缩小	1. 铰刀超过磨损标准，尺寸变小后仍继续使用 2. 铰钢料时加工余量太大，铰好后因内孔弹性复原而使孔径缩小 3. 铰铸铁时加了煤油
孔中心不直	1. 铰孔时的预加工孔不直，铰小孔时由于铰刀刚度低，未能使原有的弯曲程度得到纠正 2. 铰刀的切削圆锥角太大，导向不良，使铰削时方向发生偏斜 3. 手铰时两手用力不均匀
孔呈多棱形	1. 铰削余量太大，铰刀切削刃不锋利，使铰削时发生"啃切"现象 2. 钻孔不圆，使铰孔时铰刀发生弹跳现象 3. 钻床主轴振摆太大

四、任务实施

（1）备料　根据图样要求准备好 60mm×60mm×10mm 的毛坯件。

（2）工具　钻床、平板、方箱、游标高度卡尺、游标卡尺、通止规、麻花钻、铰刀、样冲、整形锉、锉刀刷、软钳口、毛刷等。

（3）操作步骤见表4.2-3。

表 4.2-3　加工步骤及工艺流程

序号	工作流程图	工艺流程	注意事项
1		按照图样要求，用方箱、游标高度卡尺划针在平板上划出各孔的十字中心线，并在中心处打上样冲点	线条清晰、冲点位置准确

序号	工作流程图	工艺流程	注意事项
2		用机用虎钳夹紧工件，根据所打样冲点在台钻上用 ϕ3mm 钻头钻出所有孔的定位孔	钻孔过程中钻头中心要对准样冲点，钻完孔用卡尺测量一遍孔的中心距，有不准的，用整形锉修整
3		用扩孔钻对所有孔进行扩孔，根据图样要求尺寸扩孔到相应的大小	根据铰孔孔径大小选择合适的扩孔钻，扩孔要为后续的铰孔留单边 0.1 ~ 0.2mm 的铰削余量
4		铰孔	铰孔时铰刀的中心与底孔中心对正，铰刀不允许倒转，需加切削液

（4）任务评价见表4.2-4。

表 4.2-4　铰孔操作评分表

序号	评分项目及标准	配分	检验结果	得分
1	$2 \times \phi 6H7$	16		
2	定位尺寸 15mm、30mm	10		
3	$2 \times \phi 8H7$	16		
4	定位尺寸 15mm、30mm	10		
5	$2 \times \phi 10H7$	16		
6	定位尺寸 15mm、30mm	10		
7	各孔表面粗糙度值 $Ra1.6\mu m$	12		
8	安全文明生产	10		
	合计	100		

项目 5

螺 纹 加 工

【学习目标】

1. 了解攻螺纹使用的工具。

2. 掌握攻螺纹底孔直径的确定方法。

3. 掌握攻螺纹的操作方法。

4. 了解攻螺纹后产生缺陷的原因。

5. 了解套螺纹使用的工具。

6. 掌握套螺纹圆杆直径的确定方法。

7. 掌握套螺纹的操作方法。

8. 了解套螺纹后产生缺陷的原因。

任务5.1 攻 螺 纹

一、任务目标

1）了解攻螺纹使用的工具。

2）掌握攻螺纹底孔直径的确定方法。

3）掌握攻螺纹的操作方法。

4）了解攻螺纹后产生缺陷的原因。

二、任务分析

由图5.1-1分析可知，本任务是通过钻孔、扩孔、攻螺纹方法加工出图样所示结构，图中所有孔都为螺纹孔且大小不一致，扩孔时根据螺纹孔大小将其扩孔成螺纹底孔直径大小。在钻孔的过程中，其孔与孔之间的中心距要控制好，精度达到图样要求。

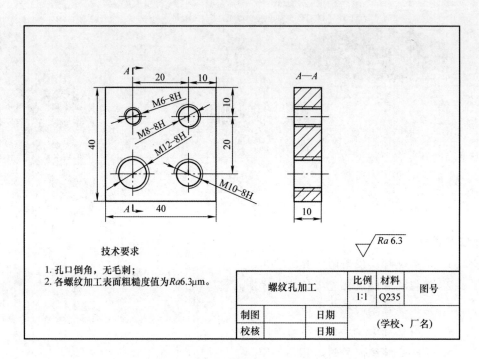

图 5.1-1　螺纹孔加工图样

三、任务相关知识点

用丝锥在工件孔中切削出内螺纹的加工方法，称为攻螺纹。

（1）攻螺纹用的工具

1）丝锥。丝锥分为手用丝锥和机用丝锥两种，区别在于机用丝锥只有一根，材料多数采用高速钢，攻硬度高的材料时用加钴丝锥，加钴后热硬性提高很多，钴还具有黏结性，所以韧性好。此外还有涂层丝攻（表面镀了钛的机用丝锥为不锈钢专用丝攻）。手用丝锥有两根或者三根，分别叫头锥、二锥和三锥，通常只有两根，锥长的是头锥，锥短的是二锥。手用丝锥材料一般是合金工具钢或碳素工具钢。

机用丝锥与手用丝锥两者的导向刃不同，手用丝锥的导向刃设计得长，机用的短。

①丝锥的结构。丝锥由柄部和工作部分组成，如图 5.1-2 所示。柄部是攻螺纹时被夹持的部分，起传递转矩的作用。工作部又由切削部分和校准部分组成，切削部分起切削作用；校准部分有完整的牙型，用来修光和校准已切出的螺纹，并引导丝锥沿轴线前进。

②成组丝锥。攻螺纹时，为了减小切削力并延长丝锥的使用寿命，一般将

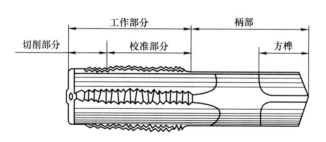

图 5.1-2　丝锥结构

整个切削工作分配给几支丝锥来承担。通常 M6 ~ M24mm 的丝锥每组有两支；M6mm 以下及 M24mm 以上的丝锥每组有三支；细牙螺纹锥为两支一组。成组丝锥切削量的分配形式有两种：

a. 锥形分配。一组丝锥中，每支丝锥的大径、中径和小径都相等，只是切削部分的切削圆锥角及长度不等。采用锥形分配切削量的丝锥也叫等径丝锥。当攻制通孔螺纹时，用头锥（初锥）一次切削即可加工完毕，二锥（也叫中锥）、三锥（底锥）则用得较少。一般 M12mm 以下的丝锥采用锥形分配。一组丝锥中，每支丝锥的磨损很不均匀。由于头锥能一次切削成形，因此，切削厚度大，切削变形严重，加工表面质量差。

锥形分配如图 5.1-3 所示。

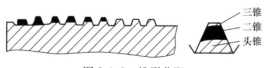

图 5.1-3　锥形分配

b. 柱形分配。采用柱形分配切削量的丝锥也叫不等径丝锥。即头锥（也叫第一粗锥）、二锥（第二粗锥）的大径、中径、小径都比三锥（精锥）小。头锥、二锥的中径一样，大径不一样；头锥大径小，二锥大径大。这种丝锥的切削量分配比较合理，三支一组的丝锥按 6：3：1 分担切削量，两支一组的丝锥按 7.5：2.5 分担切削量，所以加工后表面粗糙度值较小。一般 M12mm 以上的丝锥多属于这一种。柱形分配如图 5.1-4 所示。

图 5.1-4　柱形分配

2）铰杠。铰杠是手工加工螺纹时用来夹持丝锥的工具。铰杠分为普通铰杠和丁字形铰杠两类。每类铰杠又有固定式和可调式两种，如图5.1-5所示。

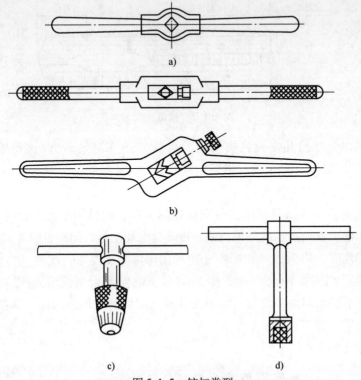

a)

b)

c)   d)

图5.1-5　铰杠类型

a）固定式普通铰杠　b）可调式普通铰杠　c）可调式丁字铰杠　d）固定式丁字铰杠

（2）攻螺纹前底孔直径与孔深的确定

1）攻螺纹前底孔直径的确定。攻螺纹之前的底孔直径稍大于螺纹小径。一般应根据工件材料的塑性和钻孔时的扩胀量来考虑，使攻螺纹时既有足够的空隙容纳被挤出的材料，又能保证加工出来的螺纹具有完整的牙型。

加工普通螺纹前底孔直径的计算公式如下：

① 对钢和其他塑性大的材料，底孔直径的计算公式为：

$$D_{孔} = D - P$$

② 对铸铁和塑性较小的材料，底孔直径的计算公式为：

$$D_{孔} = D - (1.05 \sim 1.1)P$$

式中　$D_{孔}$——螺纹底孔直径（mm）；

　　　D——螺纹大径（mm）；

　　　P——螺距（mm）。

攻普通三角形螺纹时，钻底孔用的钻头直径可查表5.1-1。

表 5.1-1　常用普通螺纹钻底孔的钻头直径对照表

螺纹直径 D /mm	螺距 P /mm	钻头直径 d_0/mm		螺纹直径 D /mm	螺距 P /mm	钻头直径 d_0/mm	
		铸铁	钢			铸铁	钢
2	0.4	1.6	1.6	12	1.75	10.1	10.3
2.5	0.45	2.05	2.05	14	2	11.8	12
3	0.5	2.5	2.5	16	2	13.8	14
4	0.7	3.3	3.3	18	2.5	15.3	15.5
5	0.8	4.1	4.2	20	2.5	17.3	17.5
6	1	4.9	5	22	2.5	19.3	19.5
8	1.25	6.7	6.8	24	3	20.7	21
10	1.5	8.4	8.5				

2）攻螺纹前底孔深度的确定。攻不通孔（盲孔）螺纹时，由于丝锥切削部分不能攻出完整的螺纹牙型，所以钻孔深度要大于螺纹的有效长度，其深度的确定如下：

钻孔深度的计算公式为：

$$H_{深} = h_{有效} + 0.7D$$

式中　$H_{深}$——底孔深度（mm）；

　　　$h_{有效}$——螺纹有效长度（mm）；

　　　D——螺纹大径（mm）。

（3）攻螺纹的步骤

1）将孔口倒角，以便于丝锥能顺利切入。

2）起攻时，可用一手掌按住铰杠中部，沿丝锥轴线用力加压，另一手配合做顺向旋进，或两手握住铰杠两端均匀施压，并将丝锥顺向旋进，保证丝锥中心线与孔中心线重合。

3）当丝锥攻入 1~2 圈时，应检查丝锥与工件表面的垂直度，并不断矫正。丝锥的切削部分全部进入工件时，要间断性地倒转 1/4 ~ 1/2 圈，进行断屑和排屑。

4）头锥攻完后，再用二锥、三锥依次攻削至标准尺寸。

（4）加工螺纹时可能出现的缺陷和产生原因见表 5.1-2。

表 5.1-2　加工螺纹时可能出现的缺陷和产生原因

缺陷名称	产生原因
螺纹乱牙	1. 攻螺纹时底孔直径太小，起攻困难，左右摆动，孔口乱牙 2. 换用二锥、三锥时强行矫正，或没旋合好就攻下

（续）

缺陷名称	产生原因
螺纹滑牙	1. 攻不通孔的较小螺纹时，丝锥已到底仍继续旋转 2. 攻强度低材料或小孔径螺纹时，丝锥已切出螺纹仍继续加压，或攻完时连同铰杠一起自由地快速转出 3. 未加适当切削液及一直攻而不倒转丝锥，切屑堵塞将螺纹啃坏
螺纹歪斜	1. 攻螺纹时位置不正，起攻时未进行垂直度检查 2. 孔口倒角不良，两手用力不均匀，切入时歪斜
螺纹形状不完整	攻螺纹时底孔直径太大
丝锥折断	1. 底孔太小 2. 攻入时丝锥歪斜或歪斜后强行矫正 3. 没有经常反转断屑和清屑，或不通孔中攻到底时还继续往下攻 4. 使用铰杠不当 5. 丝锥牙齿爆裂或磨损过多而强行攻下 6. 工件材料过硬或夹有硬点 7. 两手用力不均匀或用力过猛

四、任务实施

（1）备料　根据图样要求准备好 40mm×40mm×10mm 的毛坯件。

（2）工具　钻床、平板、方箱、游标高度卡尺、游标卡尺、通止规、麻花钻、丝锥、样冲、整形锉、锉刀刷、软钳口、毛刷等。

（3）操作步骤（见表5.1-3）。

表5.1-3　加工步骤及工艺流程

序号	工艺流程图	工艺流程	注意事项
1		按照图样要求，用方箱和游标高度卡尺在平板上划出各孔的十字中心线，并在中点处打上样冲点	线条清晰、冲点位置准确

（续）

序号	工艺流程图	工艺流程	注意事项
2		用机用虎钳夹紧工件，根据所打样冲点在台钻上用 $\phi 3mm$ 钻头钻出定位中心孔	钻孔过程中钻头中心要对准样冲点，钻完孔用卡尺测量一遍孔的中心距，有不准的，用整形锉修整
3		用扩孔钻对所有孔进行扩孔，根据图样要求尺寸扩孔到相应的大小	攻螺纹扩孔直径根据公式 $D-P$ 来确定
4		选择正确的丝锥进行攻螺纹	攻螺纹时丝锥的中心线与底孔中心线要对正，攻螺纹时及时排屑，加切削液

（4）任务评价（见表5.1-4）。

表5.1-4 攻螺纹加工评分表

序号	评分项目	评分标准	配分	检测结果	得分
1	M6 – 8H	螺纹通止规检测	20		
2	M8 – 8H	螺纹通止规检测	20		
3	M10 – 8H	螺纹通止规检测	20		
4	M12 – 8H	螺纹通止规检测	20		
5	所有螺纹孔的表面粗糙度	升高一级不得分	10		
6	安全文明生产	违规不得分	10		
	合计		100		

任务5.2 套 螺 纹

一、任务目标

1）了解套螺纹使用的工具。

2）掌握套螺纹圆杆直径的确定方法。

3）掌握套螺纹的操作方法。

4）了解套螺纹后产生缺陷的原因。

二、任务分析

由图5.2-1分析可知，本任务是通过对圆杆进行套螺纹，加工出图样所示结构，图中所示零件为双头螺柱，其两端螺纹为 M10 – 6g，螺纹长度15mm。

三、任务相关知识点

用板牙在圆杆或管子上切削加工出外螺纹的方法称为套螺纹。

（1）套螺纹用的工具

1）圆板牙。圆板牙外形像一个圆螺母，只是在它上面钻有几个排屑孔并形成切削刃，如图5.2-2所示。

2）管螺纹板牙。管螺纹板牙分55°非密封管螺纹板牙和55°密封管螺纹板牙。

55°非密封管螺纹板牙的结构与圆板牙相仿，参考图5.2-2所示。55°密封管螺纹板牙的基本结构也与圆板牙相仿，只是在单面制成切削锥，如图5.2-3所示，只能单面使用。55°密封管螺纹板牙所有切削刃均参加切削，所以切削时很费力。板牙的切削长度影响管螺纹牙型的尺寸，因此套螺纹时要经常检查，不能使切削长度超过太多，只要相配件旋入后能满足要求就可以了。

3）板牙铰杠。板牙铰杠如图5.2-4所示，它的外圆旋有四只紧定螺钉和一

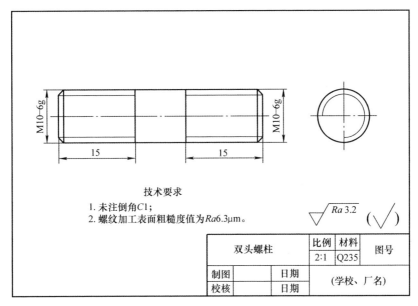

技术要求

1. 未注倒角C1；
2. 螺纹加工表面粗糙度值为Ra6.3μm。

$\sqrt{Ra\,3.2}$ $(\sqrt{\quad})$

双头螺柱	比例	材料	图号
	2:1	Q235	
制图	日期		(学校、厂名)
校核	日期		

图 5.2-1 套螺纹图样

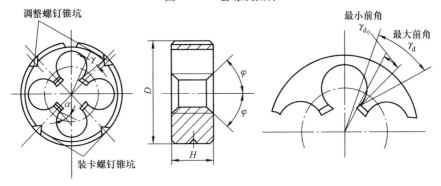

图 5.2-2 圆板牙

只调整螺钉，使用时，紧定螺钉将板牙紧固在铰杠中，并传递套螺纹时的转矩。当使用的圆板牙带有 V 形调整槽时，通过调节上面两只紧定螺钉和调整螺钉，可使板牙螺纹直径在一定范围内变动。

（2）套螺纹前圆杆直径　用板牙在工件上套螺纹时，与攻螺纹一样，材料同样因受挤压而变形，所以圆杆直径应稍小于螺纹大径，其尺寸根据经验可按以下公式计算：

$$d_0 = d - 0.13P$$

式中　d_0——套螺纹圆杆直径（mm）；

d——螺纹大径（mm）；

P——螺距（mm）。

105

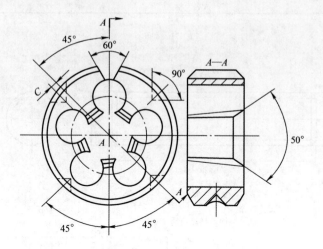

图 5.2-3　55°密封管螺纹板牙

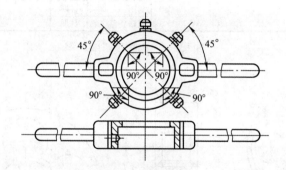

图 5.2-4　板牙铰杠

套常用普通螺纹时，圆杆直径可查表 5.2-1。

表 5.2-1　套螺纹圆杆直径　　　　　　　　（单位：mm）

螺纹直径 d	螺距 P	圆杆直径 d_0		螺纹直径 d	螺距 P	圆杆直径 d_0	
		最小	最大			最小	最大
6	1	5.8	5.9	22	2.5	21.7	21.85
8	1.25	7.8	7.9	24	3	23.65	23.8
10	1.5	9.75	9.85	27	3	26.65	26.8
12	1.75	11.75	11.9	30	3.5	29.6	29.8
14	2	13.75	13.85	36	4	35.6	35.8
16	2	15.7	15.85	42	4.5	41.55	41.75
18	2.5	17.7	17.85	48	5	46.5	46.7
20	2.5	19.7	19.85	52	5	51.5	51.7

（3）套螺纹的操作要点

1）为使板牙容易对准工件和切入工件，圆杆端部要倒成圆锥斜角为15°～20°的锥体，如图5.2-5所示。锥体的最小直径可以略小于螺纹小径，使切出的螺纹端部避免出现锋口和卷边而影响螺母的拧入。

2）为了防止圆杆夹持出现偏斜和夹出痕迹，圆杆应装夹在用硬木制成的V形钳口或软金属制成的衬垫中，在加衬垫时圆杆套螺纹部分离钳口要尽量近。

3）套螺纹时应保持板牙端面与圆杆轴线垂直，否则套出的螺纹两面会深浅不同，甚至烂牙。

4）在开始套螺纹时，可用手掌按住板牙中心，适当施加压力并转动铰杠。当板牙切入圆杆1～2圈时，应目测检查和矫正板牙的位置。当板牙切入圆杆3～4圈时，应停止施加压力，而仅平稳地转动铰杠，靠板牙螺纹自然旋进套螺纹。

5）为了避免切屑过长，套螺纹过程中板牙应经常倒转。

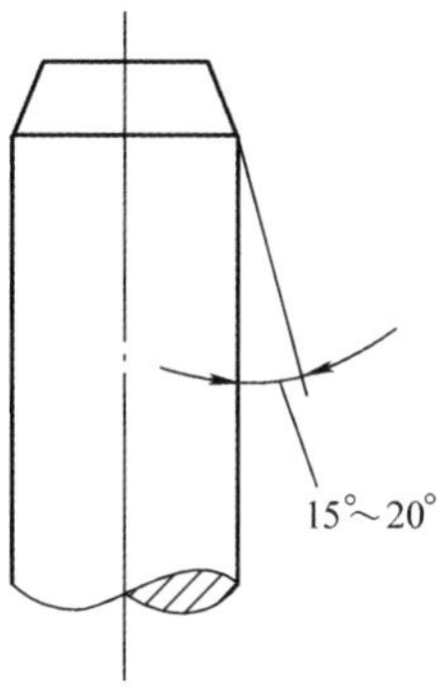

6）在钢件上套螺纹时要加切削液，以延长板牙的使用寿命，减小螺纹的表面粗糙度。

15°～20°

图 5.2-5　圆杆倒角

（4）套螺纹时可能出现的缺陷和产生原因（见表5.2-2）

表 5.2-2　套螺纹时可能出现的缺陷和产生原因

缺陷名称	产生的原因
烂牙	1. 圆杆直径太大 2. 板牙磨钝 3. 套螺纹时，板牙没有经常倒转 4. 铰杠掌握不稳，套螺纹时，板牙左右摇摆 5. 板牙歪斜太多，套螺纹时强行修正 6. 板牙切削刃上具有积屑瘤 7. 用带调整槽的板牙套螺纹，第二次套螺纹时板牙没有与已切出螺纹旋合，就强行套螺纹 8. 未采用合适的切削液
螺纹歪斜	1. 板牙端面与圆杆不垂直 2. 用力不均匀，铰杠歪斜

（续）

缺陷名称	产生的原因
螺纹中径小 （齿形瘦）	1. 板牙已切入仍施加压力 2. 由于板牙端面与圆杆不垂直而多次纠正，使部分螺纹切去过多
螺纹牙深不够	1. 圆杆直径太小 2. 用带调整槽的板牙套螺纹时，直径调节太大

四、任务实施

（1）备料　根据图样要求准备好 $\phi 9.8\text{mm} \times 40\text{mm}$ 的毛坯件。

（2）工具　平板、方箱、游标高度卡尺、游标卡尺、通止规、板牙、整形锉、锉刀刷、软钳口、毛刷等。

（3）操作步骤（见表5.2-3）。

表5.2-3　加工步骤及工艺流程

序号	工艺流程图	工艺流程	注意事项
1	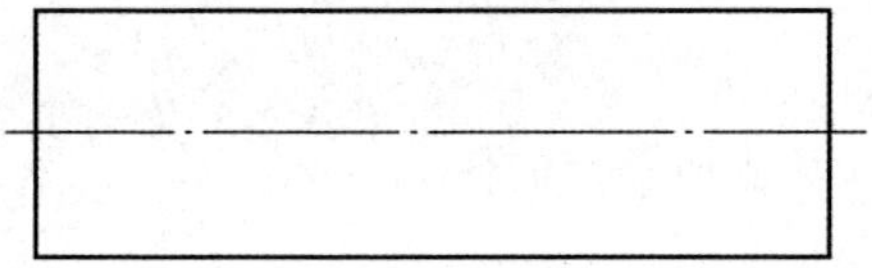	将毛坯圆柱两端面锉平	端面与轴线要垂直
2	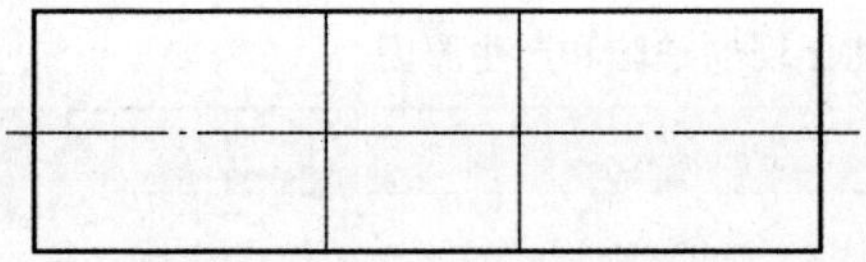	划线，将螺纹终止线通过游标高度卡尺划出	线条清晰、准确，为后续套螺纹长度提供依据
3	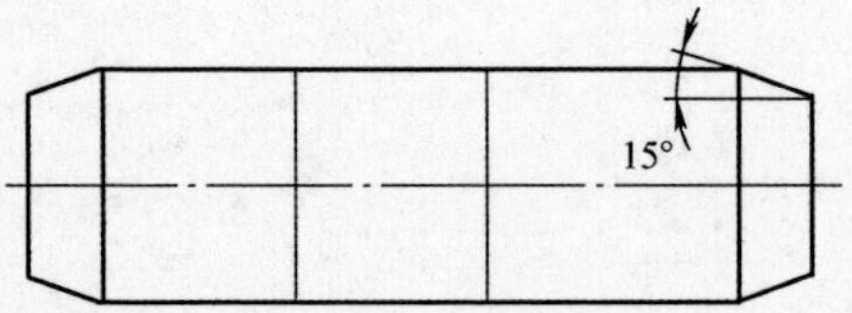	套螺纹端部倒锥	端部圆锥角度数在15°~20°之间
4	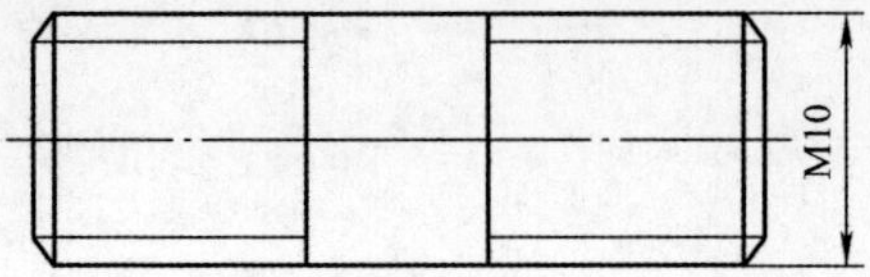	套螺纹	套螺纹时板牙与圆杆轴线垂直，不得歪斜，套螺纹时要及时排屑并加切削液

（4）任务评价（见表5.2-4）。

表 5.2-4　套螺纹加工评分表

序号	评分项目	评分标准	配分	检测结果	得分
1	M10−6g 两处	通止规测量	60		
2	螺纹长度 15mm	超差不得分	20		
3	螺纹表面粗糙度	升高一级不得分	10		
4	安全文明生产	违规不得分	10		
	合计		100		

项目 6

装配与调整

【学习目标】
1. 了解钳工的基本装配知识。
2. 掌握钳工配钻孔、配铰孔的综合加工方法。
3. 掌握零件锉配、修配技能及装配技巧。
4. 进一步掌握钳工锉削加工的综合操作能力。
5. 进一步提高锉削圆弧、角度的技巧与测量方法。

任务6.1　读　　图

一、任务目标

1）熟练识读装配图。

2）能正确分析装配关系。

二、装配图的识读

任何机器或部件都是由许多零件根据机器的工作原理和性能要求，按一定的相互关系和技术要求装配而成的。表达机器或部件的图样称为装配图。装配图是机器在制造、使用过程中用来指导装配、安装、调试以及维修的主要技术文件。识读装配图，就是了解装配体的名称、性能、结构、工作原理、装配关系及各主要零件的作用和结构、传动关系与装拆顺序。

1. 装配图的内容

（1）一组图形　表示机器或部件的工作原理，各零件间的装配连接关系以及零件的主要结构。除视图、剖视图等外，必要时还有一些特别的表达方法。

（2）必要的尺寸　装配图上只表示机器或部件的外形尺寸、安装尺寸、特征尺寸（表示机器或部件的性能、规格）、配合尺寸（零件间有公差配合要求的尺寸）和相对位置尺寸（装配时需要保证的零件间较重要的相对位置）等。

（3）技术要求　用文字或符号说明机器或部件在装配、检验、调试和使用等方面的要求。

（4）零件序号、明细栏、标题栏 序号在图上用指引线引出，并按顺序编写每一个零件的序号。明细栏在标题栏上方，用来说明每一个零件的序号、名称、数量、材料和备注等。标题栏用来说明机器或部件的名称、图号、比例以及制图、审核人的姓名等。

2. 装配图的特殊表达方法

零件的各种表达方法都适用于装配图，由于装配图和零件图所表达的侧重点不同，装配图上还有一些特殊表达法，如规定画法、简化画法、假想画法、夸大画法等。

3. 识读装配图的方法和步骤

读装配图的目的，是要从中了解机器或部件中各个组成零部件的相对位置、装配关系和连接方式，分析机器或部件的工件原理和作用功能，搞清各零件的作用和结构形状，有时还要从中拆绘出各零件的零件图。图 6.1-1 所示为角度划线机构的装配图。

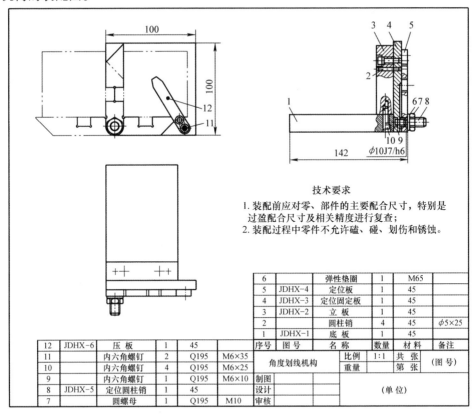

图 6.1-1 角度划线机构装配图

装配图的识读，一般可按以下方法和步骤进行：

（1）读标题栏及明细栏　从标题栏中了解机器或部件的名称，从明细栏中了解各零件的名称、材料和数量等，结合对全图的浏览，初步认识该机器或部件的大致用途和大体装配情况。图 6.1-1 所示的角度划线机构，由底板、立板、定位固定板等 12 个零件组成，外形尺寸为 142mm × 100mm × 105mm，结构简单，体积不大，是钳工操作中的一种辅助划线夹具。

（2）分析视图，明确装配关系

1）分析视图，要根据图样上的视图、剖视图等的配置和标志，找出投影方向、剖切位置，了解各图形的名称和表达方法。角度划线机构采用主、左、俯三个基本视图。其中主视图表达了角度划线机构的运动部件的运动范围；左视图的局部剖视图表达了角度划线机构各零件间的连接形式；俯视图主要表明了角度划线机构各零件的装配位置关系。

2）分析工作原理，必要时需阅读产品说明书和有关资料。

3）分析装配关系，要弄清各零件间的连接、固定、定位、调整、密封、润滑、配合关系和运动关系等。在图 6.1-1 中可看到，立板 3 用圆柱销与底板 1 连接，并用弹簧垫圈、螺钉固定；定位固定板 4 用圆柱销与立板 3 连接，并用弹簧垫圈、螺钉固定；定位板 5 用定位圆柱销与定位固定板连接，并用弹簧垫圈、螺母固定，其中定位板与定位圆柱销的配合关系为间隙配合，配合尺寸为 $\phi10J7/h6$；压板 12 用螺钉与定位固定板 4 连接。运动部件定位板 5 以定位圆柱销 8 为圆心进行转动，使工件在定位板上与水平面形成角度进行划线操作。

4）分析零件的结构形状，首先要按标准件、常用件、简单零件、复杂零件的顺序将零件逐个从各视图中分离出来，然后再从分离出的零件投影中用形体分析法或线面分析法逐个读懂各零件的形状结构。在图 6.1-1 中，首先根据标准件、常用件在装配图上的规定画法和简化画法等表达方法，把螺栓、螺母、螺钉、垫片、销等标准件等常用零件逐一从图中识出并分离出来，对这些零件不难读懂它们的形状。再将底板、立板等简单件用形体分析法读懂，最后识读较复杂的定位板。

（3）综合归纳，形成完整认识　通过上面分析，把已经了解了结构形状的各个零件，按其在机器或部件中的相对位置、装配关系和连接方式结合起来，即可想象出机器或部件的总体形状。在此基础上，综合尺寸、技术要求等有关资料，进行归纳总结，便可形成或加深对机器或部件的认识。

任务 **6.2**　加工零件图

一、任务目标

熟练识读零件图。

二、图样分析

看图 6.2-1 ~ 图 6.2-6 所示图样。

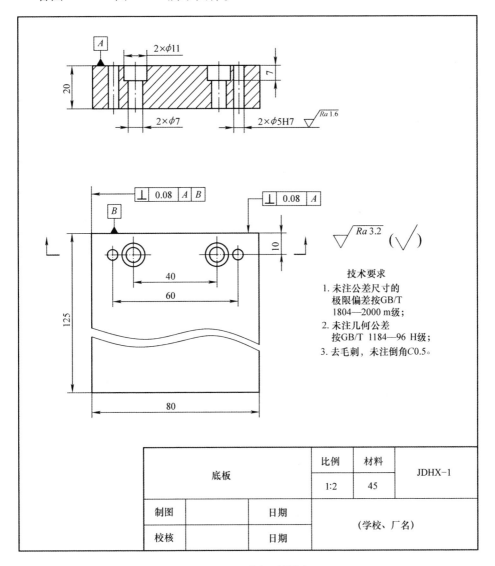

图 6.2-1　底板零件图

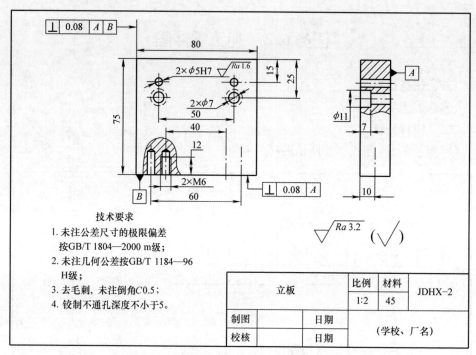

技术要求
1. 未注公差尺寸的极限偏差按GB/T 1804—2000 m级;
2. 未注几何公差按GB/T 1184—96 H级;
3. 去毛刺, 未注倒角C0.5;
4. 铰制不通孔深度不小于5。

立板		比例	材料	JDHX-2
		1:2	45	
制图		日期		(学校、厂名)
校核		日期		

图 6.2-2　立板零件图

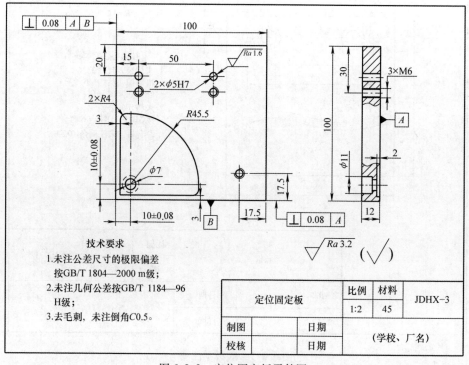

技术要求
1. 未注公差尺寸的极限偏差按GB/T 1804—2000 m级;
2. 未注几何公差按GB/T 1184—96 H级;
3. 去毛刺, 未注倒角C0.5。

定位固定板		比例	材料	JDHX-3
		1:2	45	
制图		日期		(学校、厂名)
校核		日期		

图 6.2-3　定位固定板零件图

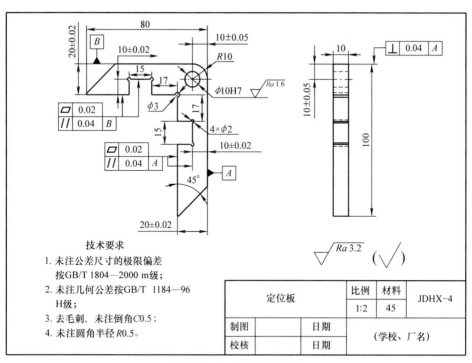

图 6.2-4 定位板零件图

技术要求
1. 未注公差尺寸的极限偏差按GB/T 1804—2000 m级；
2. 未注几何公差按GB/T 1184—96 H级；
3. 去毛刺，未注倒角C0.5；
4. 未注圆角半径R0.5。

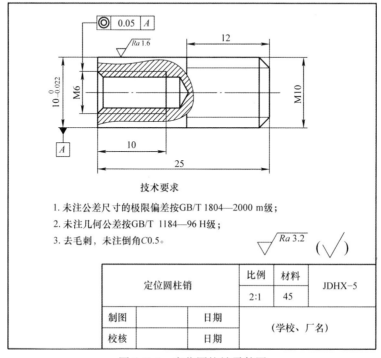

技术要求
1. 未注公差尺寸的极限偏差按GB/T 1804—2000 m级；
2. 未注几何公差按GB/T 1184—96 H级；
3. 去毛刺，未注倒角C0.5。

图 6.2-5 定位圆柱销零件图

115

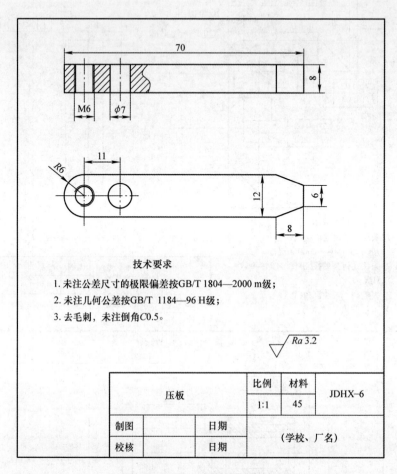

技术要求

1. 未注公差尺寸的极限偏差按GB/T 1804—2000 m级；

2. 未注几何公差按GB/T 1184—96 H级；

3. 去毛刺，未注倒角C0.5。

$\sqrt{}$ Ra 3.2

压板	比例	材料	JDHX-6
	1:1	45	
制图		日期	（学校、厂名）
校核		日期	

图 6.2-6　压板零件图

通过图样分析，可以看出本任务中的定位固定板和定位板两零件除有较高的尺寸精度要求外，还有组装后的配合尺寸和运动平稳性要求，故这两个零件是本机构的重要零件。加工中必须熟练掌握锉削、锯削、钻孔、铰孔等技能，精确使用各种工量具，才能较好地完成角度划线机构的加工和组装。相比前面的练习，本任务参照比赛试题形式，加工内容丰富，包含底板、立板、定位固定板和定位板的制作。本任务的训练内容比较丰富，对钳工操作技能的提升有较大帮助，具体侧重点如下：

（1）定位圆柱销零件

1）尺寸公差小，如 $10\,_{-0.022}^{\;\;\;0}$ mm。

2）几何公差要求高，同轴度误差在 0.05mm 以内。

（2）定位板零件

1）尺寸公差小，如 20mm ± 0.02mm、10mm ± 0.02mm。

2）几何公差要求高，平面度误差在 0.02mm 以内，垂直度误差在 0.04mm 以内。

（3）孔的精度高。孔的定位尺寸公差 ±0.05mm，孔的公差为 +0.02mm。

（4）配合形式多样，两种组装配合形式，两种位置极限。

（5）动作精度高。配合间隙 ≤0.03mm，动作平稳无卡点。

三、加工准备

1. 工量具准备清单

根据任务要求，制定任务工量具准备清单。分为操作场地公共使用清单与个人单独使用清单。其中场地准备清单见表 6.2-1，个人准备清单见表 6.2-2。

表 6.2-1 场地准备清单

序号	名称	规格及备注
1	钻床	1. 台钻可选用 Z512 或其他相近型号 2. 精度必须符合实训的技术要求 3. 台钻数量一般为每 4~6 人配备一台
2	台虎钳	1. 台虎钳可选用 125mm 或其他相近型号 2. 台虎钳必须每人配备 1 台
3	钳工台	1. 安装台虎钳后，钳工台高度应符合要求 2. 钳工台大小符合规定，工、量具放置位置合理
4	砂轮机	1. 砂轮机可以选用 250mm 或其他相近型号 2. 配氧化铝、碳化硅砂轮，砂轮粗细适中
5	平板	1. 尺寸 300mm×400mm 以上 2. 平板数量一般为每 4~6 人配备 1 块
6	方箱或靠铁	200mm×200mm×200mm
7	游标高度卡尺	测量范围为 0~200mm 或 0~300mm，精度 0.02mm
8	工作台灯	使用安全电压，照明充分
9	切削液	乳化液、煤油等
10	淡金水	

表 6.2-2　个人准备清单

类别	名称	尺寸规格	数量	备注
工具	扁锉	自定	若干	
	三角锉	自定	若干	
	半圆锉	自定	若干	
	整形锉	150mm	1套	
	划线工具	自定	1套	
	锤子	0.5kg	各1	
	手工锯弓	自定	1	
	锯条	300mm	若干	
	螺钉旋具	十字，200mm	1	
	手用铰刀	ϕ10H7	1	配铰杆
	手用丝锥	M6	1	
	直柄麻花钻	ϕ3mm、ϕ4.8mm、ϕ4.9mm、ϕ5.1mm、ϕ5.2mm、ϕ9.8mm	各1	
	倒角钻	ϕ12mm（90°）	1	
量具	游标卡尺	0～200mm	1	
	刀口形直尺	63mm×100mm	1	
	半径样板	R7.5～15mm	1	
	游标万能角度尺	0°～320°	1	
	外径千分尺	0～25mm 25～50mm 50～75mm	各1	
	杠杆百分表	0～0.8mm	1	配表架
	塞尺	0.02～1mm	1	
	钢直尺	0～150mm	1	
	圆柱销	ϕ6h7×20mm	12	
其他	草稿纸		若干	
	水笔		1	
	护目镜		1	

2. 材料毛坯准备

材料毛坯准备清单见表 6.2-3。

表 6.2-3　材料毛坯准备清单

材料名称	规格	数量
45 钢	125.5mm×80.5mm×20mm	1块/人
45 钢	80.5mm×75.5mm×20mm	1块/人

（续）

材料名称	规格	数量
45 钢	100.5mm × 100.5mm × 12mm	1 块/人
45 钢	100.5mm × 80.5mm × 10mm	1 块/人
45 钢	ϕ10mm × 25mm	1 根/人
45 钢	70.5mm × 12mm × 8mm	1 块/人

3. 坯料尺寸图（图 6.2-7 ~ 图 6.2-12）

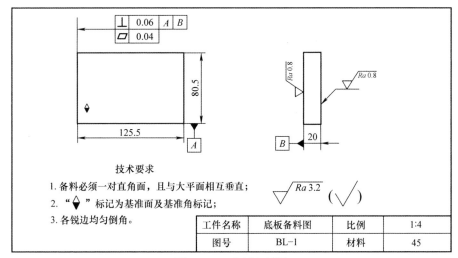

图 6.2-7　底板备料图

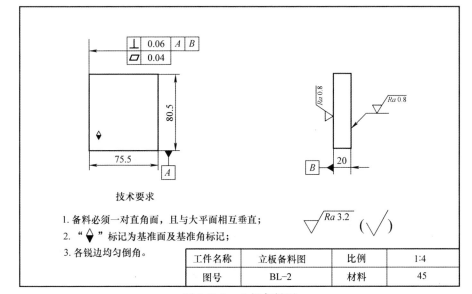

图 6.2-8　立板备料图

119

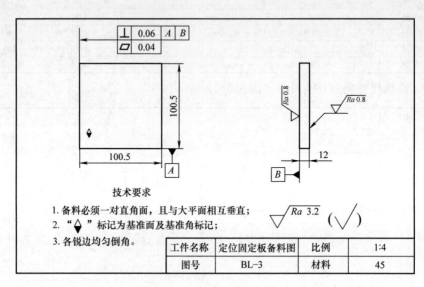

图 6.2-9　定位固定板备料图

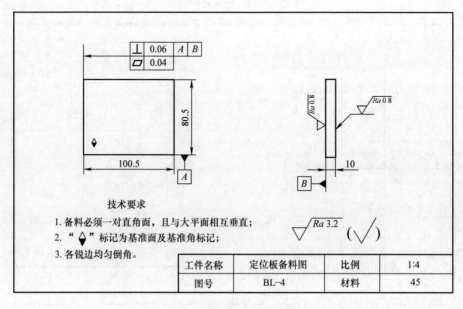

图 6.2-10　定位板备料图

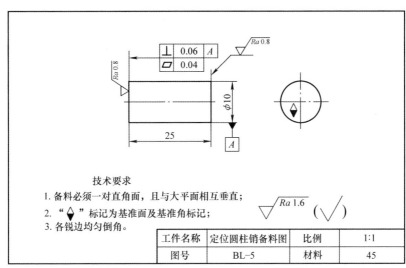

图 6.2-11 定位圆柱销备料图

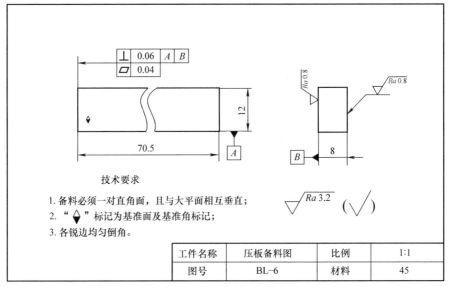

图 6.2-12 压板备料图

任务 6.3 零件加工过程及组装调整

一、任务目标

1）熟练掌握零件图加工工艺的编制。

2）熟练运用钳工工具完成零件加工。

3）掌握零件装配过程，并能调整装配精度。

二、加工过程

角度划线机构的各零件加工过程及组装过程见表 6.3-1 ~ 表 6.3-7。

1. 底板的加工步骤及工艺流程

表 6.3-1　底板的加工步骤及工艺流程

序号	操作示意图	工艺流程	目标要求	检查量具
1		1. 检查备料 2. 选定基准角，适当修整，做标记	1. 基准面互相垂直，与大平面垂直 2. 平面度符合要求	90°角尺
2		按图样要求进行划线并在孔中心打上样冲点	线条清晰、准确无重线；冲点位置准确	钢直尺测量；目测冲点
3	125.0000 mm 80.0000 mm	按划线界限加工外轮廓尺寸	达到尺寸	游标卡尺测量
4	80.0000 mm	1. 用钻头定孔中心并钻出通孔 2. 用钻头扩孔并倒角 3. 用钻头钻沉孔并倒角	1. 保证孔距及孔径要求 2. 孔口倒角、无毛刺	游标卡尺，测量心棒

（续）

序号	操作示意图	工艺流程	目标要求	检查量具
5		铰孔需与立板铰孔配钻、铰	铰孔面光滑，配合用圆柱销装配顺利	圆柱销
6		检查尺寸、锐边倒角去毛刺	尺寸准确，无毛刺	目测

备注

1. 为了保证零件之间能正确定位或连接，可用夹具或夹板，将需加工的零件根据基准同时夹紧一起钻孔，钻孔完成后同时进行铰孔，以此来保证定位精度。

2. 以一个零件的孔为基准，以此孔壁作为另一个零件钻孔时钻头的引导元件，完成钻孔后将两件同时铰孔，这样可保证定位精度较高。（以下以底板于立板配合为例进行配铰孔示例）

序号	图　　示	操作步骤
1	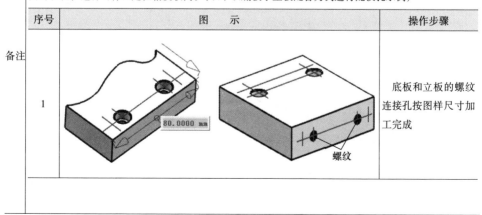	底板和立板的螺纹连接孔按图样尺寸加工完成

（续）

序号	操作示意图		工艺流程	目标要求	检查量具
备注					（续）

	序号	图　　示			操作步骤
	2	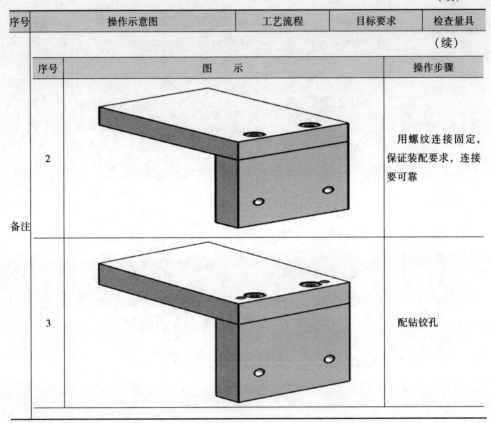			用螺纹连接固定，保证装配要求，连接要可靠
	3				配钻铰孔

2. 立板的加工步骤及工艺流程

表 6.3-2　立板的加工步骤及工艺流程

序号	操作示意图	工艺流程	目标要求	检查量具
1		1. 检查备料 2. 选定基准角，适当修整，做标记	1. 基准面互相垂直，与大平面垂直 2. 平面度符合要求	90°角尺

（续）

序号	操作示意图	工艺流程	目标要求	检查量具
2		按图样要求进行划线并在孔中心打上样冲点	线条清晰、准确无重线；冲点位置准确	钢直尺测量；目测冲点
3		按划线界限加工外轮廓尺寸	达到尺寸	游标卡尺测量
4		1. 用钻头定孔中心并钻出通孔 2. 用钻头扩孔并倒角 3. 用钻头钻沉孔并倒角	1. 保证孔距及孔径要求 2. 孔口倒角、无毛刺	游标卡尺，测量心棒
5		攻螺纹	螺纹完整，无乱牙	螺钉顺利旋入
6		铰孔 1. A 面铰孔需与底板铰孔配钻、配铰 2. B 面铰孔需与定位固定板铰孔配钻、配铰	铰孔面光滑，配合用圆柱销装配顺利	圆柱销

（续）

序号	操作示意图	工艺流程	目标要求	检查量具
7	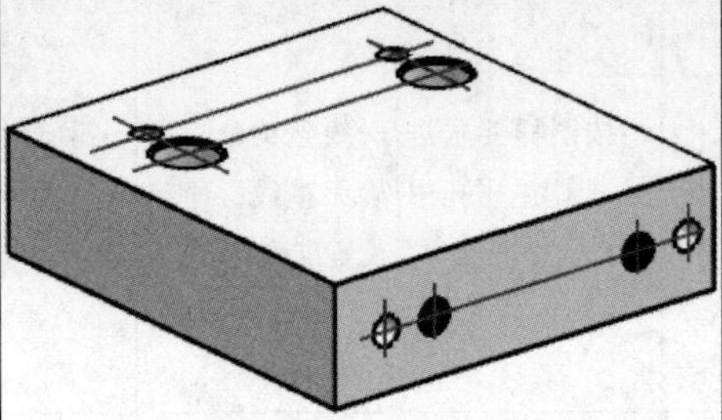	检查尺寸、锐边倒角去毛刺	尺寸准确，无毛刺	目测

3. 定位固定板的加工步骤及工艺流程

表 6.3-3　定位固定板的加工步骤及工艺流程

序号	操作示意图	工艺流程	目标要求	检查量具
1	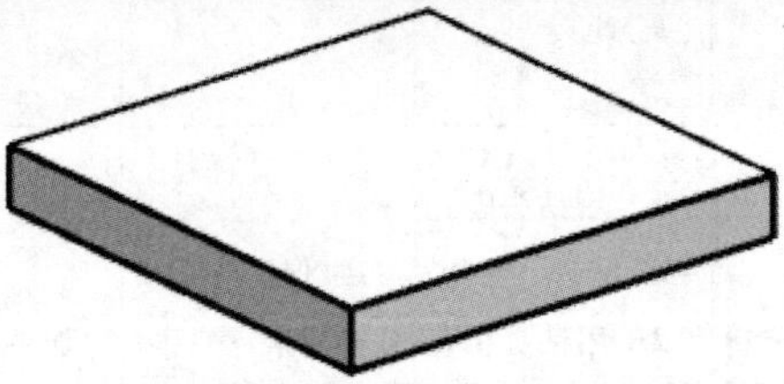	1. 检查备料 2. 选定基准角，适当修整，做标记	1. 基准面互相垂直，与大平面垂直 2. 平面度符合要求	90°角尺
2	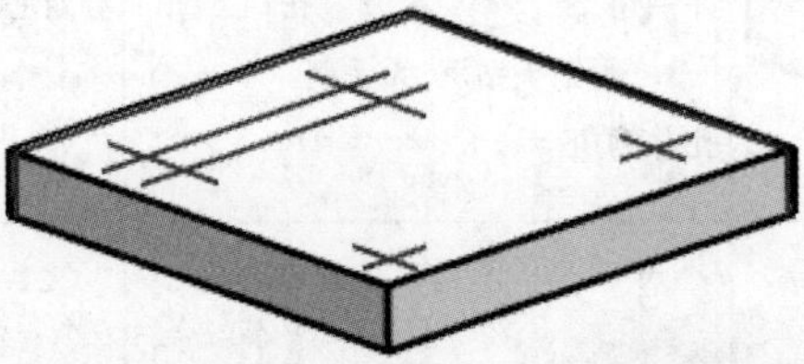	按图样要求进行划线并在孔中心打上样冲点	线条清晰、准确无重线；冲点位置准确	钢直尺测量；目测冲点
3	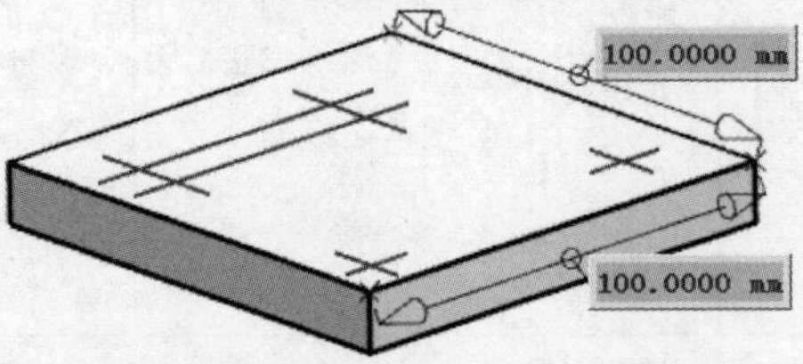 100.0000 mm 100.0000 mm	按划线界限加工外轮廓尺寸	达到尺寸	游标卡尺测量
4	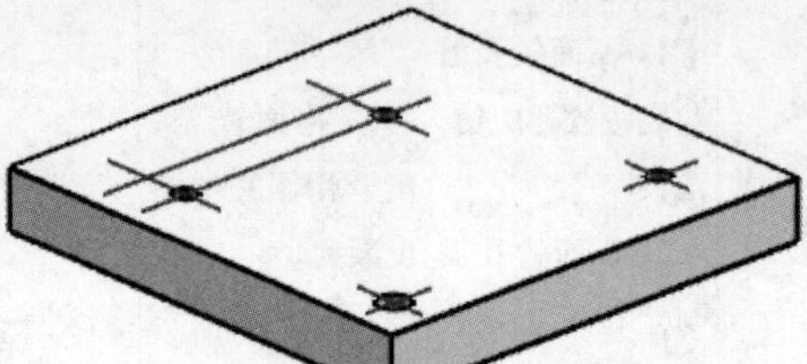	1. 用钻头定孔中心并钻出通孔 2. 用钻头扩孔并倒角 3. 用钻头钻沉孔并倒角	1. 保证孔距及孔径要求 2. 孔口倒角、无毛刺	游标卡尺、测量心棒

（续）

序号	操作示意图	工艺流程	目标要求	检查量具
5	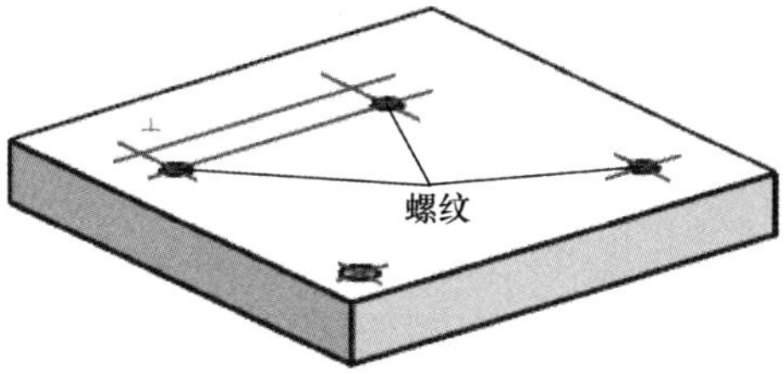 螺纹	攻螺纹	螺纹完整，无乱牙	螺钉顺利旋入
6	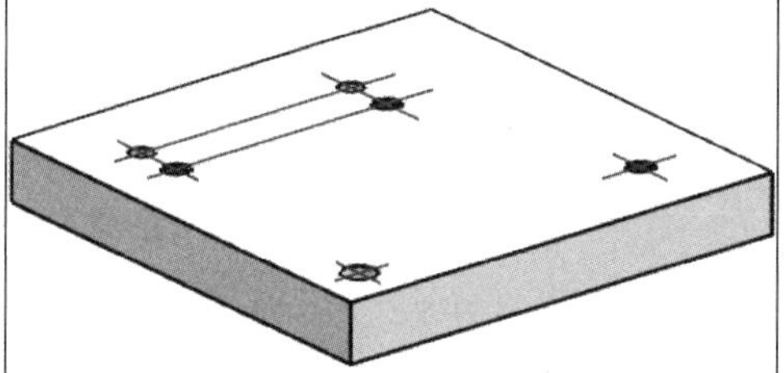	铰孔 铰孔需与立板铰孔配钻、配铰	铰孔面光滑，配合用圆柱销装配顺利	圆柱销
7	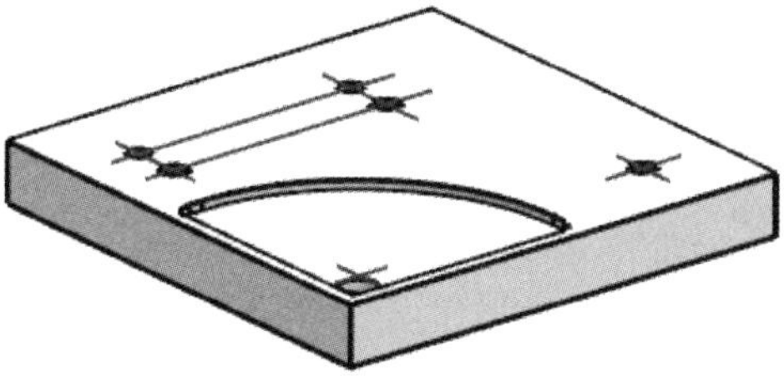	数铣加工凹圆弧槽	按图样尺寸加工	游标卡尺、圆弧样板
8	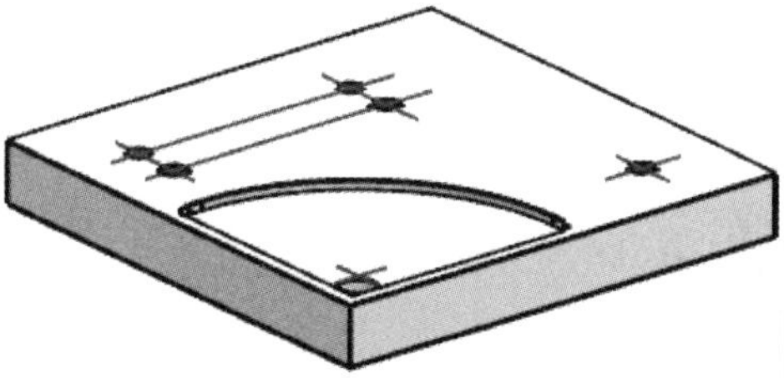	检查尺寸、锐边倒角去毛刺	尺寸准确，无毛刺	目测

4. 定位板的加工步骤及工艺流程

表 6.3-4　定位板的加工步骤及工艺流程

序号	操作示意图	工艺流程	目标要求	检查量具
1	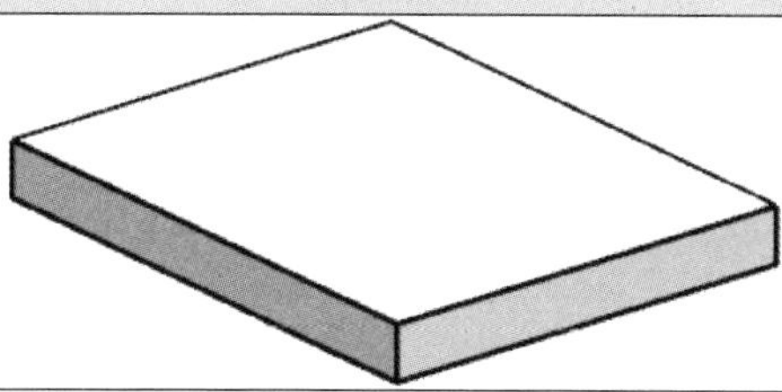	1. 检查备料 2. 选定基准角，适当修整，做标记	1. 基准面互相垂直，与大平面垂直 2. 平面度符合要求	90°角尺

（续）

序号	操作示意图	工艺流程	目标要求	检查量具
2		按图样要求进行划线并在孔中心打上样冲点	线条清晰、准确无重线；冲点位置准确	钢直尺测量；目测冲点
3		1. 钻出 $\phi 2mm$ 工艺孔并倒角 2. 钻出排孔 3. 钻出铰孔底孔 $\phi 9.8mm$ 并倒角	1. 保证孔距及孔径要求 2. 孔口倒角、无毛刺	游标卡尺、测量心棒
4		$\phi 10mm$ 铰孔	铰孔面光滑，配合用圆柱销装配顺利	圆柱销
5		锯削	沿加工界线去除大余量，为锉削留 0.5mm 左右余量	目测
6		锉削	达到图样尺寸要求	千分尺，游标卡尺

（续）

序号	操作示意图	工艺流程	目标要求	检查量具
7	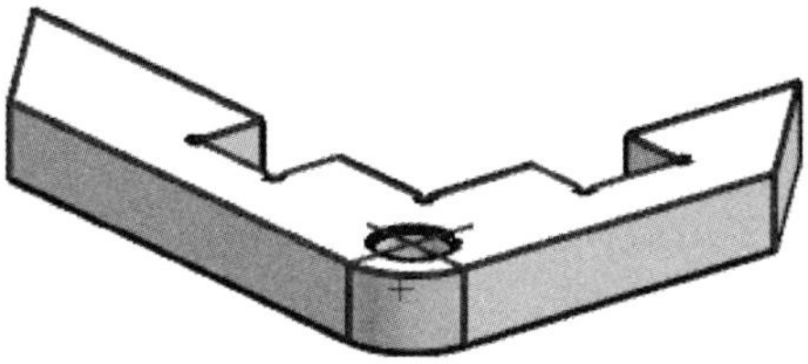	圆弧锉削	按图样尺寸加工	圆弧样板
8	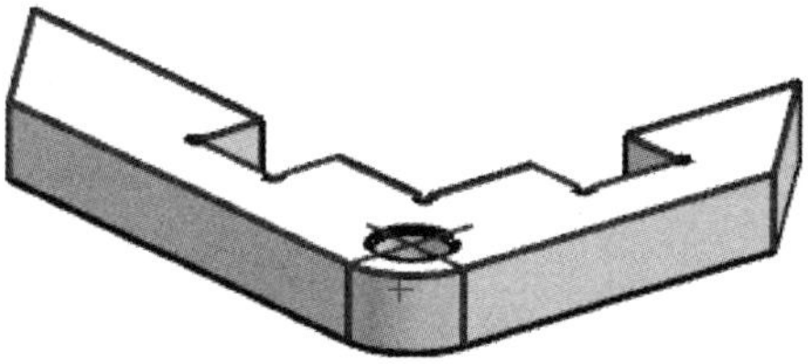	检查尺寸、锐边倒角去毛刺	尺寸准确，无毛刺	目测

5. 定位圆柱销的加工步骤及工艺流程

表 6.3-5　定位圆柱销的加工步骤及工艺流程

序号	操作示意图	工艺流程	目标要求	检查量具
1	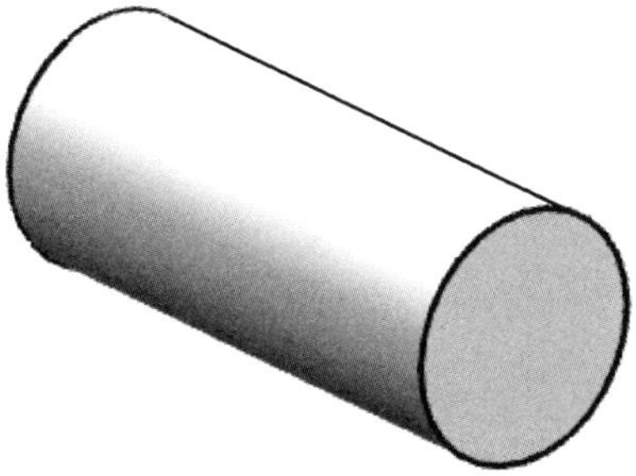	1. 检查备料 2. 选定基面，适当修整，做标记	基准面的平面度符合要求	90°角尺
2	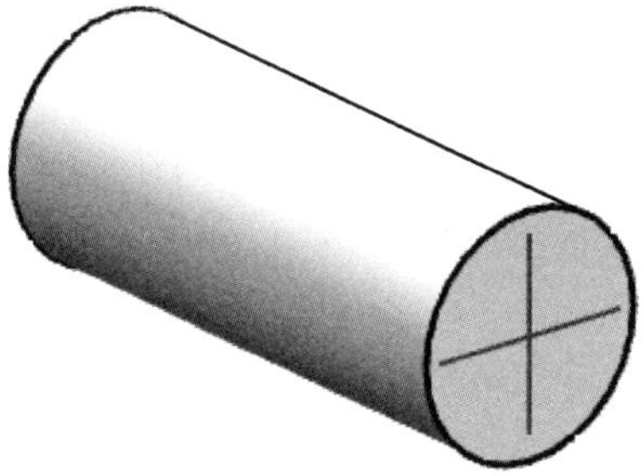	按图样要求进行划线并在孔中心打上样冲点	线条清晰、准确无重线；冲点位置准确	钢直尺测量；目测冲点

（续）

序号	操作示意图	工艺流程	目标要求	检查量具
3		钻孔，钻螺纹底孔 φ5.2mm 并倒角	1. 保证螺纹底孔深度要求 2. 孔口倒角、无毛刺	游标卡尺，目测
4		攻螺纹	螺纹完整，无乱牙	螺钉顺利旋入
5		套螺纹	螺纹完整，无乱牙	螺母顺利旋入
6		检查尺寸、锐边倒角去毛刺	尺寸准确，无毛刺	目测

6. 压板的加工步骤及工艺流程

表6.3-6 压板的加工步骤及工艺流程

序号	操作示意图	工艺流程	目标要求	检查量具
1		1. 检查备料 2. 选定基准角，适当修整，做标记	1. 基准面互相垂直，与大平面垂直 2. 平面度符合要求	90°角尺
2		按图样要求进行划线并在孔中心打上样冲点	线条清晰、准确无重线；冲点位置准确	钢直尺测量；目测冲点
3		1. 钻孔，钻螺纹底孔 $\phi5.2mm$ 并倒角 2. 钻扩出 $\phi7mm$ 通孔	1. 保证孔距及孔径要求 2. 孔口倒角、无毛刺	游标卡尺、测量心棒
4		攻螺纹	螺纹完整，无乱牙	螺钉顺利旋入

（续）

序号	操作示意图	工艺流程	目标要求	检查量具
5	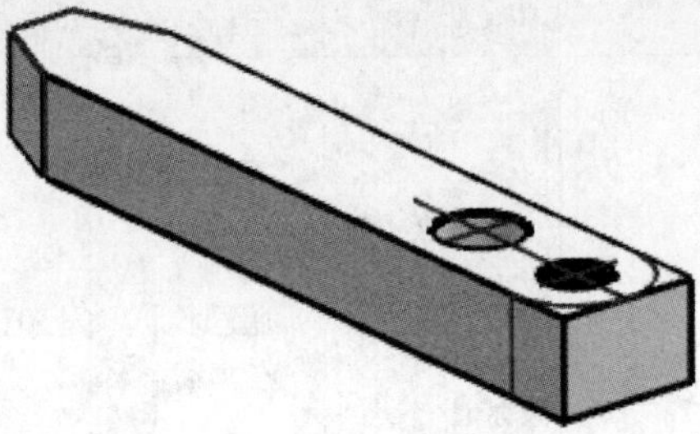	锉削	达到图样尺寸要求	游标卡尺
6	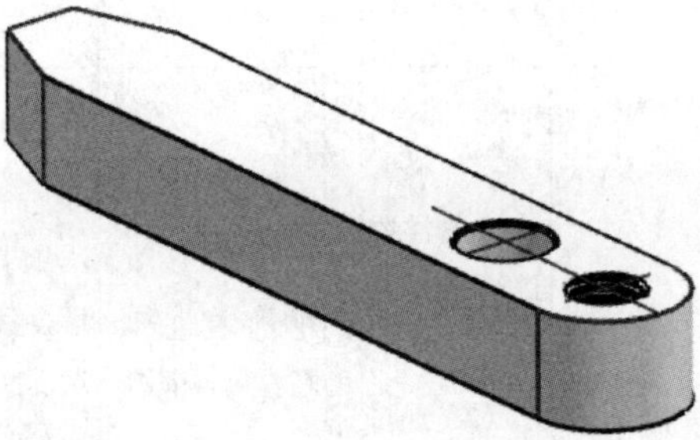	圆弧锉削	按图样尺寸加工	圆弧样板
7	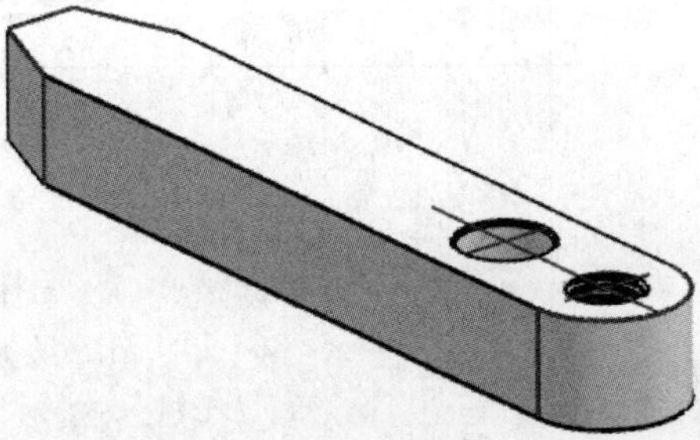	检查尺寸、锐边倒角去毛刺	尺寸准确，无毛刺	目测

7. 角度划线机构的组装调整步骤及工艺流程

表 6.3-7　角度划线机构的组装调整步骤及工艺流程

序号	操作示意图	工艺流程	目标要求	检查量具
1	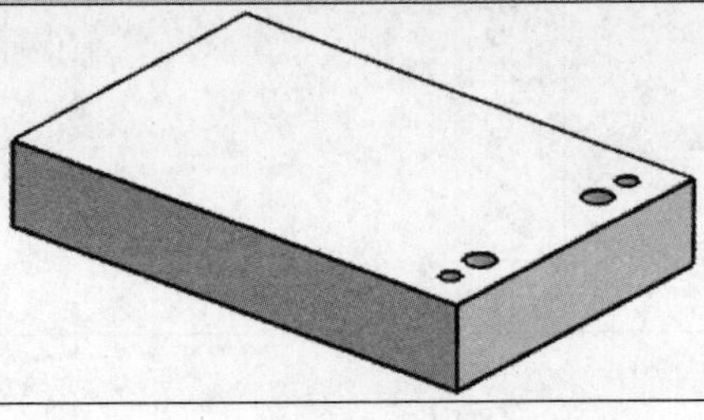	选定装配基准件	基准件选定要合理	

（续）

序号	操作示意图	工艺流程	目标要求	检查量具
2		安装立板： 1. 装定位销，找正位置 2. 旋紧固定螺钉	保证立板 A 面与底板 A 面共面或立板 A 面与底板底面垂直	刀口形直尺、90°角尺测量
3		将定位圆柱销用螺钉安装在定位固定板上	保证圆柱销在定位固定板中的位置度要求	游标卡尺，测量心棒
4		安装定位固定板： 1. 装定位销，找正位置 2. 旋紧固定螺钉	1. 保证固定板正面与底板底面垂直 2. 保证固定板底面与底板底面共面或平行	刀口形直尺、90°角尺测量
5		安装刻度盘	在固定板中位置准确	目测

（续）

序号	操作示意图	工艺流程	目标要求	检查量具
6		安装定位板	与定位圆柱销配合准确，达到要求，运动平稳无卡点现象	目测，手感检测
7		安装压块	位置准确	目测
8	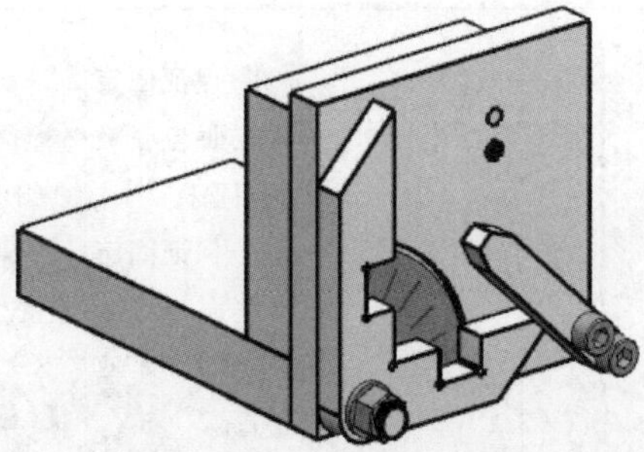	复检全部，按图样要求装配完毕，上油	定位板运动自如，无卡死现象，达到技术要求	手感

在工件的加工过程中需要按照一定的精度标准和技术要求，将若干个零件组合成部件或将若干个零件、部分组合成机构或机器的工艺过程，称为装配。

三、装配工艺规格

装配工艺规格是指规定装配全部部件和整个产品的工艺过程，以及该过程中所使用的设备和工、夹具等的技术文件。只有严格按工艺规格组织各项生产活动，才能保证装配工作的顺利进行，降低生产成本，增加经济效益。

四、装配工艺过程

装配工艺过程一般由以下四个部分组成。

1. 装配前的准备工作

（1）研究产品装配图、工艺文件及技术资料。

（2）了解产品的结构，熟悉各零件、部件的作用和相互关系及连接方法。

（3）确定装配方法。

（4）准备所需要的工具。

（5）对装配的零件进行清洗，检查零件的加工质量。

（6）对有特殊要求的零件进行压力等密封性测试。

（7）对机器中转动轴、带轮、转子等旋转体零件进行平衡试验。

2. 装配工作

比较复杂的产品的装配分为部件装配和总装配。

（1）部件装配　凡是将两个以上的零件组合在一起，或将零件与几个组件结合在一起，成为一个装配单元的装配工作，都可以称为部件装配。

（2）总装配　将零件、部件及各装配单元结合成一台完整产品的装配工作，称为总装配。

3. 调试、检验和试车

（1）调整　调节零件或机构的相互位置、配合间隙、接合面的松紧等，使机器或机构工作协调。

（2）检验　检验机构或机器的几何精度和工作精度等。

（3）试车　试验机构或机器运转的灵活性、振动情况、工作温度、噪声、转速、功率等性能参数是否达到相关技术要求。

4. 喷漆、上油和装箱

机器装配完毕后，为了使其外表美观、不生锈和便于运输，还要进行喷漆、上油和装箱等工作。

五、装配方法

零件加工完毕后，都需安装到机器设备中，常用的装配方法有完全互换装配法、分组选择装配法、修配装配法和调整装配法等。

1. 完全互换装配法

在同一种零件中任取一个，无须修配即可装入配件中，并能达到一定的装配技术要求，这种装配方法称为完全互换装配法。完全互换装配法的特点及适应范围是：

（1）装配操作简单，对工人的技术要求不高。

（2）装配质量好，装配效率高。

（3）装配时间容易确定，便于组织流水线装配。

（4）零件磨损后更换方便。

（5）对零件的精度要求较高。

因此，完全互换装配法适用于组成环数量少、精度要求不高的场合或大批量的生产。

2. 分组选择装配法

分组选择装配法常分为直接选配法和分组选配法两种。

直接选配法是由工人直接从一批零件中选择"合适"的零件进行装配的方法。这种方法比较简单，其装配质量是靠工人感觉或经验确定，装配效率低。

分组选配法是先将一批零件逐一测量后，按实际尺寸大小分成若干组，然后将尺寸大的包容件与尺寸大的被包容件配合，将尺寸小的包容件与尺寸小的被包容件配合。分组选配法的特点及适应范围是：

（1）经分组选配后的零件，其配合精度高。

（2）因增大了零件的制造公差，所以使零件成本降低。

（3）增加了测量分组的工作量，当组成环数量较多时，这项工作将相当麻烦。

因此，分组修配法适用于大批生产及装配精度要求高、组成环数量又较少的场合。

3. 修配装配法和调整装配法

（1）修配装配法　在装配时，根据装配的实际需要，在某一零件上去除少量的预留修配量，以达到精度要求的装配方法，称为修配装配法。

（2）调整装配法　在装配时，根据装配的实际需要，改变部件中可调整零件的相对位置或选用合适的调整件，以达到装配技术要求的装配方法，称为调整装配法。

六、装配工作的要点

要保证装配产品的质量，必须按照规定的装配技术要求去操作。不同产品的装配技术要求虽不尽相同，但在装配过程中有许多工作要点是必须共同遵守的。

（1）做好零件的清理和清洗工作　清理工作包括去除残留的型砂、铁锈、切屑等。零件上的油污、铁屑或附着的切屑，可以用柴油、煤油或汽油作为洗涤液进行清洗，然后用压缩空气吹干。

（2）相配表面在配合或连接前，一般都需加润滑剂。

（3）相配零件的配合尺寸要准确，装配时对于某些较重要的配合尺寸应进行复验或抽验。

（4）做到边装配边检查　当所装配的产品较复杂时，每装完一部分就应检查是否符合要求。在对螺纹连接件进行紧固的过程中，还应注意对其他有关零部件的影响。

（5）试车时的事前检查和起动过程的监控是很必要的，例如检查装配工作的完整性、各连接部分的准确性和可靠性、活动件运动的灵活性、润滑系统的正常性等。机器起动后，应立即观察主要工作参数和运动件是否正常运动。主要工作参数包括润滑油压力、温度、振动和噪声等。只有起动阶段各运动指标正常、稳定，才能进行试运转。

综 合 训 练

【学习目标】

1. 巩固已学的平面划线的操作步骤，掌握各种划线工具的使用。

2. 进一步掌握錾削、锯削和锉削的操作要领。

3. 进一步熟练掌握常用量具的测量方法及读数方法。

4. 进一步掌握台式钻床的使用。

任务7.1 单体件加工

一、任务目标

1）巩固已学的平面划线的操作步骤，掌握各种划线工具的使用。

2）掌握錾削、锯削和锉削的操作要领。

3）掌握用90°角尺检查工件垂直度与平面度的方法。

4）掌握用游标卡尺测量的方法，能正确读数并检测平行度公差。

5）掌握半径样板测量圆弧尺寸。

6）掌握台式钻床的使用。

二、任务分析

根据图 7.1-1 所示，要求使用錾子、手锯、锉刀、游标卡尺等工、量、刃具，用 $\phi30\text{mm} \times 112\text{mm}$ 的毛坯加工锤子，运用推锉法加工圆弧及斜面，根据掌握的加工与测量技巧来达到图样要求。该零件的主要参数如下：

1）该零件材料为 45 钢。

2）尺寸 $20\text{mm} \pm 0.05\text{mm}$ 的公称尺寸为 20mm，上极限偏差为 $+0.05\text{mm}$，下极限偏差为 -0.05mm，公差为 0.1mm。

3）$\boxed{\perp\ \boxed{0.04}}$ 4 组表示锤头部分正方体四面互相垂直，垂直度公差在 0.04mm

以内。

4）$\boxed{// \mid 0.06}$ 2 组表示锤头部分正方体四面两两平行，平行度公差在 0.06mm 以内。

5）$\boxed{= \mid 0.04 \mid A}$ 表示锤子腰孔的中心平面相对于锤子外尺寸 20mm 的中心平面的对称度公差在 0.04mm 以内。

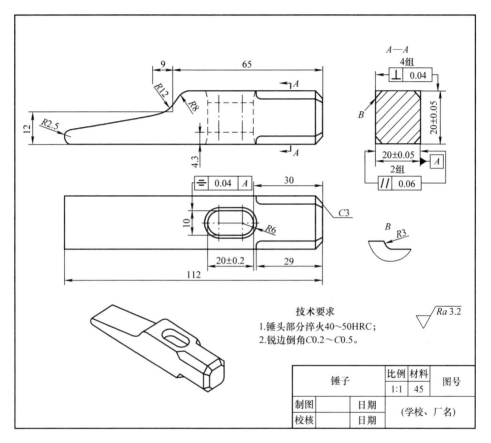

图 7.1-1　单体件锤子图样

三、任务实施

1. 备料（如图 7.1-2 所示，并见表 7.1-1）

表 7.1-1　锤子备料

材料名称	规　格	数　量
45 钢	$\phi30\text{mm} \times 112\text{mm}$	1 块/人

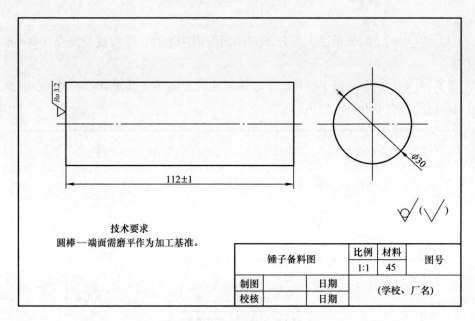

技术要求
圆棒—端面需磨平作为加工基准。

锤子备料图	比例	材料	图号
	1:1	45	
制图	日期	(学校、厂名)	
校核	日期		

图 7.1-2　锤子备料图

2. 工、量器具准备单（表 7.1-2）

表 7.1-2　工、量器具准备单

序号	名称	规格	数量	备注
1	游标卡尺	0～125mm，0.02mm	1	
2	90°角尺	63mm×100mm	1	
3	外径千分尺	0～25mm，0.01mm	1	
4	半径样板	R1mm～R20mm	1	
5	钢直尺	150mm	1	
6	锉刀	自定	若干	扁锉、方锉等
7	手锯	自定	1	
8	锯条	自定	若干	
9	钻头	$\phi3mm$，$\phi9.8mm$	各1	
10	划针	自定	1	
11	锤子	自定	1	
12	软钳口	自定	1	
13	锉刀刷	自定	1	
14	毛刷	自定	1	
15	防护眼镜	自定	1	

3. 操作过程及工时分配（表 7. 1-3）

表 7. 1-3 操作过程及工时分配

序号	工序	任务描述	注意事项	课时
1	长方体	通过锯削、锉削操作将毛坯从圆棒料加工成 20mm × 20mm 的长方体棒料	平面度加工时，利用钢直尺用透光法多测量；面与面之间的距离要多用游标卡尺测量；面与面之间的垂直度误差要用 90° 角尺多测量来保证	10
2	锤头	在上一步的基础上对于锤子锤头部分通过锉削加工出必要的倒角	加工四角 R3mm 凹圆弧时，横向锉要锉准、锉光，然后推光就容易，且圆弧尖角处也不易塌角	2
3	錾口部分	用錾口锤子的样板划出形体加工线，用推锉法加工内外圆弧面	在加工 R12mm 与 R8mm 内外圆弧面时，横向必须平直，并且侧平面垂直，才能使圆弧面连接正确、外形美观	2
4	腰形孔	最后通过钻孔、锉削加工出锤子安装柄的孔	用 ϕ9.7mm 钻头钻孔时，要求钻孔位置正确，钻孔孔径没有明显扩大，以免造成加工余量不足，影响腰孔的正确加工	2

4. 具体实施过程

（1）长方体加工　操作步骤见表 7. 1-4。

表 7. 1-4 长方体加工步骤及工艺流程

序号	工艺流程图	工艺流程	要求及注意事项
1		划线：将长方体的加工界线在毛坯上划出	线条清晰，准确无重线
2		加工 a 面（任一边） 1. 保证平面度要求 2. 保证表面粗糙度要求	1. 平面度加工时用钢直尺用透光法多测量 2. 注意控制第一面与上母线的距离不得小于 25mm
3		加工 a 面的对面 b 面 1. 保证平面度要求 2. 保证与 a 面的平行度要求 3. 保证尺寸 20mm ± 0.05mm 4. 保证表面粗糙度要求	a 面与 b 面之间的距离在控制的时候要多用游标卡尺测量，保证其公差，且测量点要均匀分布在面上，保证 a 面与 b 面间的平行度

（续）

序号	工艺流程图	工艺流程	要求及注意事项
4	 25 c	加工 a 面的任一垂直面 c 面 1. 保证平面度要求 2. 保证与 a 面的垂直度要求 3. 保证表面粗糙度要求	c 面与基准 a 面之间的垂直度误差要用 90°角尺多测量来保证
5	 d 20 20	加工 d 面 1. 保证平面度要求 2. 保证与 a 面的垂直度要求 3. 保证尺寸 20mm ± 0.05mm 4. 保证表面粗糙度要求 5. 最后倒角去毛刺	1. d 面与 c 面之间的距离在控制的时候要多用游标卡尺测量，保证其公差，且测量点要均匀分布在面上，保证 d 面与 c 面间的平行度 2. 倒角需均匀，大小适中
操作提示	1. 圆柱体划线需将工件夹持在方箱的 V 形槽内，通过翻转方向划出工件不同位置的加工界线 2. 去大余量可以用錾削和锯削的方法 3. 锉削时粗锉到划线界限处，再精锉平面保证平面度和尺寸公差 4. 在锉削余量小于 0.2mm 以内时需要关注几何误差情况，有问题及时改正		

（2）锤头部分 操作步骤见表 7.1-5。

表 7.1-5 锤头部分加工步骤及工艺流程

序号	工艺流程图	工艺流程	要求及注意事项
1	 C3 29	划线，划出所要加工的加工界线	线条清晰，准确无重线
2		1. 锉削，将余量通过锉削方法去除 2. 最后倒角去毛刺	1. 四个倒角面大小均匀，圆弧过渡光滑 2. 倒角需均匀，大小适中
操作提示	1. 保证表面粗糙度需用小锉刀推锉表面完成 2. 倒角时注意加工界线，不要用力过大		

（3）錾口部分　操作步骤见表 7.1-6。

表 7.1-6　錾口部分加工步骤及工艺流程

序号	工艺流程图	工艺流程	要求及注意事项
1		划线，划出所要加工的加工界线	线条清晰，准确无重线
2		1. 锉削，将余量通过锉削方法去除 2. 最后倒角去毛刺	1. 锉削纹理一致，圆弧过渡光滑 2. 倒角需均匀，大小适中
操作提示	1. $R2.5$mm、$R8$mm、$R12$mm 圆弧加工时多用半径样板测量 2. 内圆弧 $R12$mm 需用圆锉加工		

（4）腰形孔　操作步骤见表 7.1-7。

表 7.1-7　腰形孔加工步骤及工艺流程

序号	工艺流程图	工艺流程	要求及注意事项
1		划线，划出所要加工的加工界线，钻孔中心打上样冲点	线条清晰，准确无重线
2		钻孔，在 A、B 两样冲点处分别钻出 $\phi 9.8$mm 的孔	钻孔位置要准确
3		1. 锉削，将余量通过锉削方法去除达到图样尺寸要求 2. 最后倒角去毛刺	1. 在锉腰孔时要注意横向移动防止锉坏两端孔面 2. 倒角需均匀，大小适中
操作提示	1. 钻孔时先钻点位孔，可用中心钻定位或小直径钻头定位，最后扩孔到所需孔径 2. 内圆弧锉削需用圆锉慢慢修整		

四、任务评价（表7.1-8）

表7.1-8 锤子加工评分表

序号	项目	考核内容	配分	评分标准	检测结果	得分
1		20mm±0.05mm（两处）	16	每超0.01mm扣2分，扣完16分为止		
2		⊥ 0.04 （4组）	16	每超0.01mm扣2分，扣完16分为止		
3		∥ 0.04 （2组）	8	每超0.02mm扣2分，扣完8分为止		
4		3mm×45°（4组）	8	根据自由公差，超差不得分		
5		R3mm，29mm（4组）	4	超差0.5mm以上不得分		
6	整体尺寸及几何公差	20mm±0.2mm	4	超差0.2mm以上不得分		
7		10mm	3	超差0.5mm以上不得分		
8		⬌ 0.04 A	6	每超0.01mm扣2分，扣完6分为止		
9		R6mm	2	超差0.5mm以上不得分		
10		R8mm	4	超差0.5mm以上不得分		
11		R12mm	4	超差0.5mm以上不得分		
12		R2.5mm	4	超差0.5mm以上不得分		
13		112mm	3	超差0.2mm以上不得分		
		9mm，30mm，65mm	3	超差0.5mm以上不得分		
14	外观	表面粗糙度值Ra3.2μm	3	超差，每处扣0.5分，扣完3分为止		
15		倒角C0.2~C0.5	2	超差，每处扣0.5分，扣完2分为止		
16	其他	完全文明生产	10	违者视情节轻重扣1~10分		
		合计	100			

任务7.2 配合件的加工

一、任务目标

1）巩固所学的平面划线的操作步骤，掌握各种划线工具的使用。

2）掌握錾削、锯削和锉削的操作要领。

3）掌握用90°角尺检查工件垂直度与平面度。

4）掌握所学的用游标卡尺测量，能正确读数并检测平行度公差。

5）了解台式钻床的操作。

6）掌握配件锉削的方法要领。

7）掌握配合间隙误差的锉削控制方法。

144

二、任务分析

根据图 7.2-1 所示，要求使用手锯、锉刀、游标卡尺等工、量、刃具，用 60.5mm×70mm×8mm 的毛坯加工配合件，运用推锉法加工圆弧及平面，达到表面粗糙度要求，根据掌握的加工与测量技巧来达到图样的尺寸要求。该配合件的主要参数如下：

1）该零件材料为 Q235 钢。

2）主要尺寸有 $60mm \pm 0.04mm$、$60_{-0.08}^{0}mm$、$40_{-0.08}^{0}mm$、$40_{-0.06}^{0}mm$、$24_{-0.06}^{0}mm$、$20_{0}^{+0.06}mm$。

3）主要的几何公差有平行度和对称度。

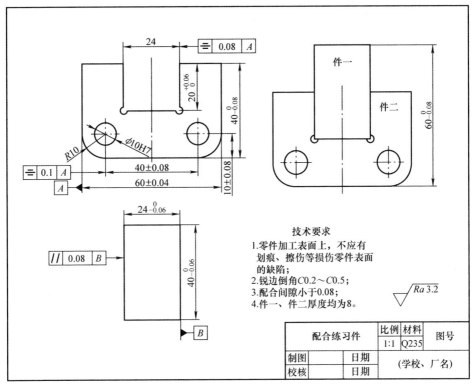

图 7.2-1　配合件图样

三、任务实施

1. 备料（如图 7.2-2 所示，及见表 7.2-1）

表 7.2-1　配合件备料清单

材料名称	规格	数量
Q235	60.5mm×70mm×8mm	1 块/人

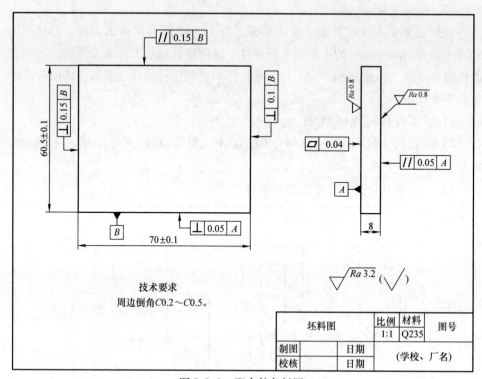

技术要求

周边倒角C0.2~C0.5。

	坯料图	比例	材料	图号
		1:1	Q235	
制图		日期		
校核		日期		(学校、厂名)

图 7.2-2 配合件备料图

2. 工、量具准备清单（表 7.2-2）

表 7.2-2 工、量具准备清单

序号	名称	规格	数量	备注
1	游标卡尺	0~125mm, 0.02mm	1	
2	90°角尺	63mm×100mm	1	
3	外径千分尺	0~25mm, 0.01mm	1	
4	半径样板	R7~15mm	1	
5	钢直尺	150mm	1	
6	锉刀	自定	若干	扁锉、方锉等
7	手锯	自定	1	
8	锯条	自定	若干	
9	钻头	φ3mm, φ9.8mm	各1	
10	划针		1	
11	锤子		1	
12	软钳口		1	
13	锉刀刷		1	
14	毛刷		1	
15	防护眼镜		1	

3. 操作过程及工时分配（表7.2-3）

表 7.2-3 操作过程及工时分配

序号	工序	任务描述	注意事项	课时
1	件一	通过锯削将件一从坯料上分离出来，并通过锉削操作将件一加工成24mm×40mm的小长方体	加工后用钢直尺采用透光法多测量平面度；面与面之间的距离要多用游标卡尺测量；面与面之间的垂直度误差要用90°角尺多测量来保证	1
2	件二	将剩下的坯料通过锯削、锉削等加工成40mm×60mm的大长方体，再通过排孔加锯削加工出凹槽	加工外尺寸与加工件一相同，其中两个R10mm圆弧加工时多用半径样板测量。加工排孔凹槽时，排孔要密，与加工界线要紧近但不能切入加工界线，保证后续有加工余量且不大	2
3	配合	通过件一采用试配法加工凹槽配合面，通过锉削达到配合尺寸60mm	配合加工时先加工凹槽两侧面，保证小件顺利放入，通过塞尺检查间隙；然后加工凹槽底面，通过游标卡尺测量保证配合尺寸	0.5

4. 具体实施过程

（1）件一加工 工艺流程见表7.2-4。

表 7.2-4 件一加工步骤及工艺流程

序号	工艺流程图	工艺流程	要求及注意事项
1		1. 准备好毛坯，对划线材料表面进行清理 2. 用淡金水对划线表面进行涂色并晾干	涂色明显，薄而均匀
2		1. 根据图样要求，选定并修整基准 2. 划线，确定加工余量	1. 划线基准选择要尽可能一次将同方向的所有线条都能划出 2. 划线基准面要平整，基准角垂直度误差要小 3. 划线线条清晰准确

（续）

序号	工艺流程图	工艺流程	要求及注意事项
3		锯削：按划线尺寸 40mm×24mm 将小件从毛坯中锯下	锯削时关注锯缝，使锯缝与尺寸界线保持 0.5mm 左右的余量
4		1. 锉削：将小件外尺寸锉削到符合公差要求，并保证 24mm 尺寸两面的平行度要求 2. 最后倒角去毛刺	1. 在精锉保证尺寸时需多用量具进行检测，以保证锉削质量 2. 40mm 尺寸先加工至上极限尺寸处，给后续配合留下修配余量 3. 倒角需均匀，大小适中
操作提示	1. 去大余量可以用錾削和锯削的方法 2. 锉削时粗锉到划线界限处，再精锉平面保证平面度和尺寸公差 3. 在锉削余量小于 0.2mm 以内时，需要关注几何误差情况，有问题及时改正		

（2）件二加工　操作步骤见表 7.2-5。

表 7.2-5　件二加工步骤及工艺流程

序号	工艺流程图	工艺流程	要求及注意事项
1		1. 根据图样要求，选定并修整基准 2. 按图样要求划线，确定加工余量	1. 划线基准选择要尽可能将所有线条都能划出 2. 划线基准面要平整，基准角垂直度误差要小 3. 划线线条清晰准确
2		先加工外尺寸 60mm×40mm	1. 60mm 尺寸因毛坯余量只有 0.5mm，可以直接进行锉削完成 2. 40mm 尺寸因锯下小件后还有很多余量，所以要先去除大余量后进行锉削来保证尺寸精度

（续）

序号	工艺流程图	工艺流程	要求及注意事项
3		用 ϕ3mm 钻头钻孔及排孔	1. 定位孔钻孔前应先打样冲 2. 钻排孔时既要控制好孔与孔之间的距离，也要控制好孔与尺寸界线的距离
4		1. 用 ϕ9.8mm 钻头扩孔 2. 用 ϕ12mm 钻头进行孔口倒角	1. 扩孔时更换钻头后需调整相应的转速 2. 孔口倒角要圆整
5		用 ϕ10H7 机用铰刀铰孔	铰孔时需加切削液
6		粗加工 24mm×20mm 凹槽	1. 锯削至排孔处 2. 用锤子和錾子将余量去除
7		1. 加工圆弧 R10mm 2. 最后倒角去毛刺	1. 加工圆弧时粗锉后余量分配要均匀 2. 精锉圆弧时要用半径样板测量矫正 3. 倒角需均匀，大小适中
操作提示	1. 划圆弧时需在圆弧中心处打上样冲，给划规定位 2. 锉削时粗锉到划线界限处，再精锉平面保证平面度和尺寸公差 3. 在锉削余量小于 0.2mm 以内时，需要关注几何误差情况，有问题及时改正		

（3）配合加工 操作步骤见表 7.2-6。

表 7.2-6 配合加工步骤及工艺流程

序号	工艺流程图	工艺流程	要求及注意事项
1	24.0000 mm	配做 24mm 尺寸	1. 保证 24mm 尺寸的对称度要求 2. 锉削时要用件一进行配做，保证配合间隙
2	60.0000 mm	1. 配做 20mm 尺寸 2. 配做 60mm 尺寸 3. 最后倒角去毛刺	1. 锉削 20mm 尺寸至下极限尺寸处后将件一配入 2. 测量配合尺寸 60mm，修锉 20mm 尺寸和件一 40mm 尺寸，保证 60mm 的配合尺寸 3. 倒角需均匀，大小适中
操作提示		1. 配合面的平面度精度和粗糙度要加工的好一点，保证配合面的接触精度 2. 修配时多用件一进行配合，观察间隙是否合格 3. 间隙可用透光法和塞尺进行测量	

四、任务评价（表 7.2-7）

表 7.2-7 配合件加工评价表

序号	项目	考核内容	配分	评分标准	检测结果	得分
1	件一	$24_{-0.06}^{0}$mm	5	每超 0.01mm 扣 2 分，扣完 5 分为止		
2		$40_{-0.06}^{0}$mm	5	每超 0.01mm 扣 2 分，扣完 5 分为止		
3		$\parallel$ 0.08 B	5	超差不得分		
4		60mm ± 0.04mm	5	每超 0.01mm 扣 2 分，扣完 5 分为止		
5		$20_{0}^{+0.06}$mm	5	每超 0.01mm 扣 2 分，扣完 5 分为止		
6		$40_{-0.08}^{0}$mm	5	每超 0.01mm 扣 2 分，扣完 5 分为止		
7		R10mm（两处）	6	超差不得分		
8	件二	ϕ10H7（两处）	6	超差不得分		
9		10mm ± 0.08mm（两处）	8	每超 0.01mm 扣 2 分，扣完 8 分为止		
10		40mm ± 0.08mm	5	每超 0.01mm 扣 2 分，扣完 5 分为止		
11		$\equiv$ 0.08 A	5	超差不得分		
12		$\equiv$ 0.1 A	5	超差不得分		

（续）

序号	项目	考核内容	配分	评分标准	检测结果	得分
13	配合	$60_{-0.08}^{0}$ mm	8	每超 0.01mm 扣 2 分，扣完 8 分为止		
14		配合间隙小于 0.08mm	12	每处 3 分，超差不得分		
15	外观	表面粗糙度值 $Ra3.2\mu m$	3	超差，每处扣 0.5 分，扣完 3 分为止		
16		倒角 $C0.2$mm ~ $C0.5$mm	2	超差，每处扣 0.5 分，扣完 2 分为止		
17	其他	安全文明生产	10	违者视情节轻重扣 1 ~ 10 分		
	合计		100			

模块 2　钳工精通

项目 8

钳工精密量具的使用

【学习目标】

1. 掌握百分表的结构原理、读数方法及其应用。

2. 掌握水平仪的结构原理、读数方法及其应用。

3. 掌握标准块的结构原理及其应用。

4. 掌握正弦规的结构原理及其应用。

任务 8.1　百分表的使用

一、任务目标

1）了解百分表的结构原理。

2）掌握百分表的读数方法。

3）掌握百分表的测量方法。

4）熟悉百分表的维护和保养。

二、任务分析

从图 8.1-1 中可以看出，工件的设计基准为左下角，其中长度方向尺寸为 60mm ± 0.02mm，高度方向尺寸 40mm ± 0.02mm，宽度方向为 8mm。从尺寸中可以看出长度和高度方向精度要求较高，且图中还有 2 组几何公差都是平面度与平行度组合。通过分析图样可以用百分表测量上述尺寸误差及几何误差情况。长方块测量记录表见表 8.1-1。

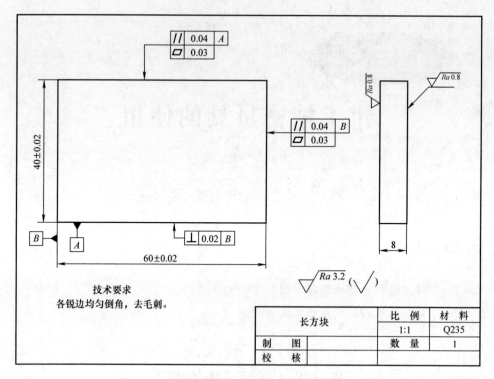

图 8.1-1　长方块图样

表 8.1-1　长方块测量记录表

序号	测量位置	公称尺寸	实测数值			最终结果
			最高点	最低点	差值	
1	基准角	垂直度				
2		40mm ± 0.02mm				
3	高度方向	平面度				
4		平行度				
5		60mm ± 0.02mm				
6	长度方向	平面度				
7		平行度				

三、任务相关知识点

百分表是一种指示式量仪，主要用于测量工件的尺寸、形状和位置误差（如圆度、平面度、垂直度、跳动等），也可用于检验机床的几何精度或调整工件的装夹位置偏差。

百分表的示值范围有 0 ~ 3mm、0 ~ 5mm、0 ~ 10mm 等多种，分度值为 0.01mm。

1. 百分表的分类（表8.1-2）

表8.1-2　百分表的分类

名称	图示	应用特点
钟表式百分表	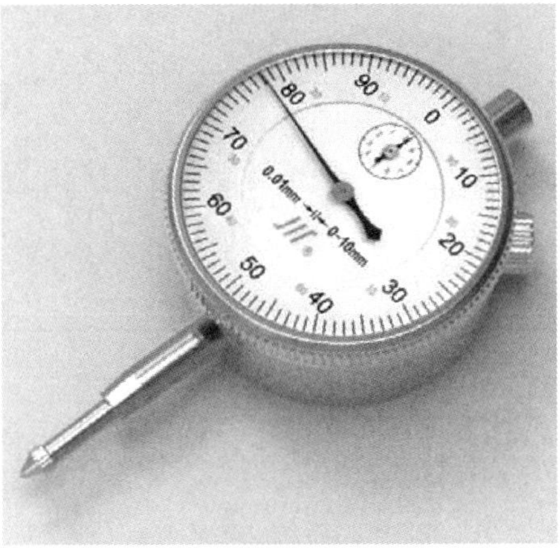	使用范围广泛，寿命长，可靠；但只能测出相对值，不能测出绝对值
数显百分表		使用范围广泛、直观、可靠
杠杆百分表	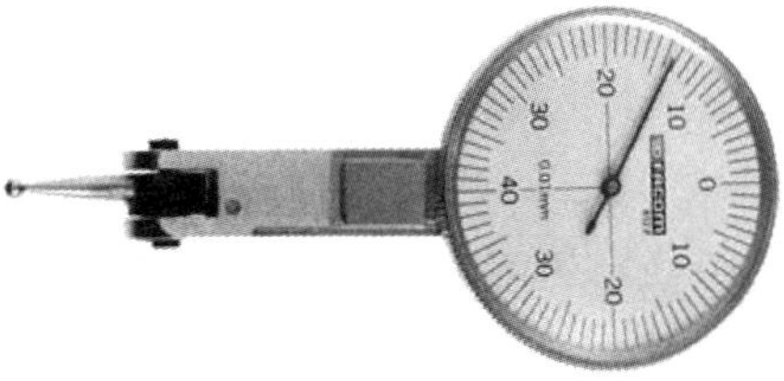	体积小、精度高，用于一般百分表难以测量的场所

（续）

名称	图示	应用特点
内径百分表	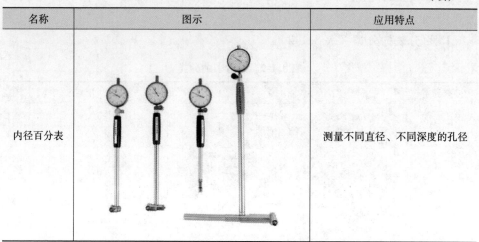	测量不同直径、不同深度的孔径

2. 百分表的结构

以钟表式百分表为例，如图 8.1-2 所示，触动测量头，大指针、小指针可转动；转动表圈，表盘可转动。

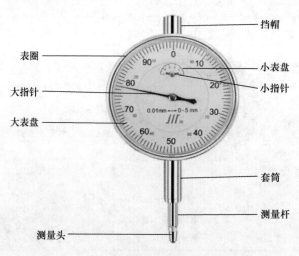

图 8.1-2 钟表式百分表结构

百分表大表盘刻度分为 100 格，大指针回转一圈即为测量头 1mm 的移动量，所以大表盘的每一格为 0.01mm，因此它的精度就为 0.01mm。小表盘中的小指针每移动一格为 1mm。当测量头每移动 0.01mm 时，大指针偏转 1 格；当测量头每移动 1mm 时，大指针偏转 1 周，小指针偏转 1 格。

3. 百分表的读数方法（图 8.1-3）

（1）读整数   在小指针上读出整数。该表小指针对应的整数值为 0mm；判断整数部分取前一格还是后一格，主要是看大指针是否过 0 刻度（100）。

（2）读小数   以零位线为基准，读出大指针与表盘上哪一条刻线对齐，用该刻线的顺序乘以百分表的精度值，读出小数部分 $87 \times 0.01 = 0.87$（mm）。

（3）求和   将整数和小数相加，即为被测尺寸数值。故 $0 + 0.87 = 0.87$（mm）。

图 8.1-3   百分表读数示例图

4. 百分表测量步骤

（1）将百分表安装在专用表架上。

（2）将测头和被测工件表面擦拭干净。

（3）轻推测量头，检查其是否灵活，指针是否能归位。

（4）使测量杆垂直于工件被测表面并使测量头接触。

（5）转动表圈，使表盘的零位线对准大指针。

（6）以零位线为基准，小指针与大指针转动的刻度即为测量尺寸。

5. 维护和保养

（1）使用时，百分表应安装在专用表架上。

（2）测量时，应轻提、轻放测量杆，以免损坏测量杆及产生测量误差。

（3）测量时，测量杆的升降范围不宜过多，以减少由于存在间隙而产生的误差。

（4）严禁超量程使用百分表，以免损坏运动部件。

四、任务实施

1. 备料

根据图样要求准备好长方块。

2. 量具

选用钟表式百分表（规格为 0 ~ 10mm，精度 0.01mm）来测量。

3. 操作步骤

（1）准备好测量所用的百分表、工件、纸和笔。

（2）先用 90°角尺测量基准角垂直度是否符合要求，合格后进行下一步操作。

（3）将测量工件放置在测量平板上，放置平稳。

（4）测高度方向 40mm 尺寸及平面度和平行度误。

（5）安装好百分表，使用 40mm 标准块校准百分表测量头。

（6）将百分表测量头移动到高度方向上表面，对上表面各个点进行测量读数，找出最高点和最低点。

（7）将测量出的最高点和最低点填入到测量记录表 8.1-1 中。

（8）长度方向 60mm 及平面度和平行度测量参照（4）、（5）、（6）步骤重复一次，其中百分表测量头需用 60mm 标准块校准。

任务8.2 水平仪的使用

一、任务目标

1）熟悉常用水平仪的结构原理。

2）理解水平仪的光学原理和结构性能。

3）掌握水平仪的读数方法和使用方法。

4）熟悉水平仪的维护和保养。

二、任务分析

在机械维修专业中常用到水平仪，它是机床修理、调整、安装最常用的测量仪器之一，主要用于检测机床导轨直线度、工作台平面度等。机床工作台的直线移动精度，在很大程度上取决于床身导轨的直线度。但机床导轨一般比较长，往往难以用平尺、检验棒等作为基准测量导轨的直线度，这时可以用水平仪进行测量。

三、任务相关知识点

水平仪是一种测量小角度的常用量具，在机械行业和仪表制造中，用于测量相对于水平位置的倾斜角、机床类设备导轨的平面度和直线度、设备安装的水平位置和垂直位置等。其中机械测量中常用条式水平仪、框式水平仪和合像水平仪，如图 8.2-1 所示。其中条式水平仪与框式水平仪原理相似，以下只介绍框式水平仪与合像水平仪。

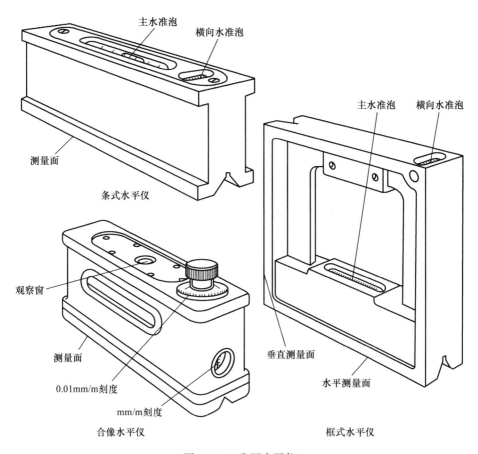

图 8.2-1 常用水平仪

1. 框式水平仪

（1）框式水平仪的结构　水平仪主要零件有用作测量基面的金属主体。主体是经过精加工的铸铁框架，主体的四个外侧面是测量用的表面。

读数用的主水准器和定位用的纵向水准器，水准器管内装有乙醇，没有液体的部分形成一个气泡。由于密度的关系气泡始终停在玻璃管的最高点。主水准器的两端套以塑料管，并用胶液粘接于金属主体座上。

主水准器气泡位置由偏心调节器进行调整。

（2）框式水平仪的刻线原理　水平仪的主要工作部分是水准器。水准器是一个封闭的玻璃管，管子内壁磨成一定曲率半径，内装液体在管内面有一定长度的气泡，玻璃管上刻有间距约为 2mm 的刻线，不论把水平仪放在何种位置，水准器内的液面总是水平位置，而气泡总是停留在圆弧面的最高位置，如图 8.2-2 所示。

161

检验时若水平仪放置在一米长度的直尺表面，当直尺做微小倾斜，得垂直距离 ΔH 时而水准面气泡的中央移动恰为一个刻度，这就标志出该水平仪的分度值，如图 8.2-3 所示。

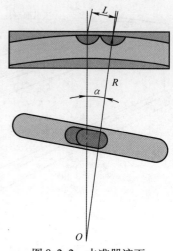

（3）读数方法

1）测量平面时，气泡指向的方向，即高于相对水平的方向。测量垂直面时，气泡指向的方向，即被测端面对应于气泡指向的方向倾斜。

2）气泡平稳停下，观察气泡两端弧线指向刻度的状况。气泡两端点在刻线中相对于零线所占格数相加后除 2 即为这次的读数值。

图 8.2-2　水准器液面

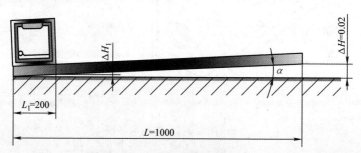

图 8.2-3　水平仪的刻线图示

3）测量时，应在气泡平稳停下后再读数值；观察时，若气泡较快地向一端流动并有碰撞后移动几下再停下的现象，则说明该测量点的一端已超出水平仪读数。

4）气泡向左（或右）移动两个格，这时就说明被测表面左端比右端（或右端比左端）高出两个格。

5）读取水平数值前，应先观察纵向气泡是否在水平位置；如果气泡不在水平位置，应将被测表面或水平仪调整后再测量。

2. 合像水平仪（合像水平仪的结构如图 8.2-4 所示）

合像水平仪主要由水准器、微动杆、杠杆和光学合像棱镜等组成。通过棱镜将水准器中的气泡像复合放大，来提高读数的精确度，利用杠杆、微动螺杠这一套传动机构来提高读数的灵敏度。

常用的棱镜是横截面积为三角形的三棱镜，通常简称为棱镜，如图 8.2-5 所示。棱镜可以改变光的传播方向。横截面是等腰直角三角形的棱镜叫全反射棱镜。

3. 棱镜的光路

（1）通过棱镜的光线由 BC 面垂直入射，在 AC 面发生全反射，垂直由 AB 面射出，如图 8.2-6a 所示。

（2）通过棱镜的光线由 AC 面垂直入射，在 AB、BC 面发生两次全反射，垂直由 AC 面射出，如图 8.2-6b 所示。

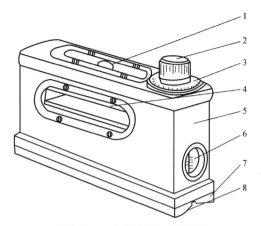

图 8.2-4 合像水平仪结构图

1—观察窗 2—微动螺钉钮 3—分度盘
4—主水准器 5—壳体 6—mm/m 刻线
7—底工作面 8—V 形工作面

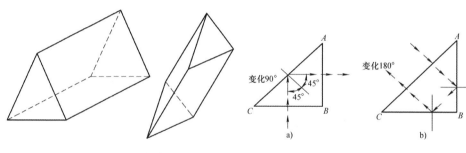

图 8.2-5 三棱镜   图 8.2-6 光线反射路线

4. 合像水平仪原理

1）水平仪在被测平面上出现一微小的倾斜角 α，气泡就向高的一侧偏移。

2）通过棱镜反射到圆形目镜框内的半合像，出现一长一短的气泡折射图像。

3）旋动微调手轮，带动螺杆调节杠杆上的水准器至水平位置；长的气泡逐渐变短，短的气泡逐渐变长，直到两气泡圆弧重合，这就是合像水平仪在 1m 长度上倾斜高度差。

4）水准器玻璃管的曲率半径减小，因此，测量时气泡达到稳定的时间短，测量范围比框式水平仪大。

5）合像水平仪的读数方法：

① 测微旋钮的圆周有 100 等分小格，当刻度盘转过 1 格时，代表水平仪 1m

长度上的高低差为 0.01mm。

② 微调手轮带动刻度盘旋转一周，精密螺杆带动标尺指针移动 1mm。

③ 测量前，首先将水平仪的读数盘和标尺调至零位。

④ 水平仪放在被测表面上，转动微分盘的旋钮，直到两半气泡重合为止。

⑤ 首先读取侧面标尺上刻度 mm 的整数，然后从刻度盘上读取小于 1mm 的小数。

5. 水平仪维护与保养

（1）测量环境温度变化在测量过程中不宜过大，特别在测量长导轨时，因温度的变化会引起气泡长度的变化，从而影响测量精度。

（2）测量时，水平仪应避免太阳光的直接照射和其他热源的影响。

（3）测量时，应准确迅速，尽量缩短测量时间。

（4）被测量面应清洁，无毛刺、屑物等污垢，避免测量面被磨损而损失精度。

（5）水平仪使用后，应及时擦拭干净，涂上防锈油，放回量具盒；在干燥的架上放置。

四、任务实施

（1）准备好测量用导轨。

（2）量具　选用精度为 0.02mm/1000mm 的框式水平仪测量。

（3）测量过程见表 8.2-1。

表 8.2-1　水平仪测量过程

序号	步骤及说明	图示
1	将水平仪放在导轨中间，调平导轨，防止因导轨倾斜无法准确读出水平仪读数	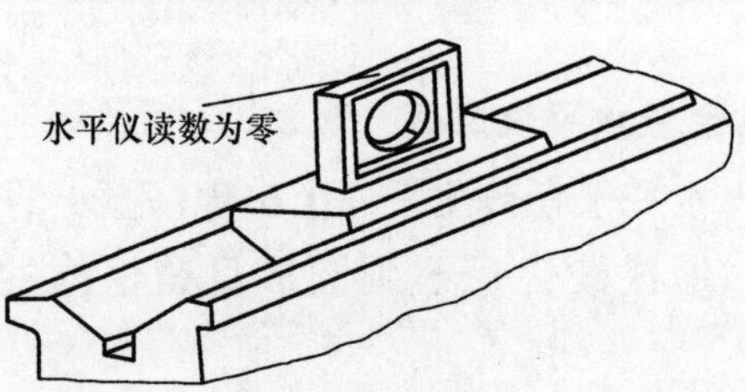
2	水平仪放在一定长度的平行桥板上，将导轨分段，每段长度与桥板相适应，依次首尾相接，逐段测量并记录下每段读数及倾斜方向	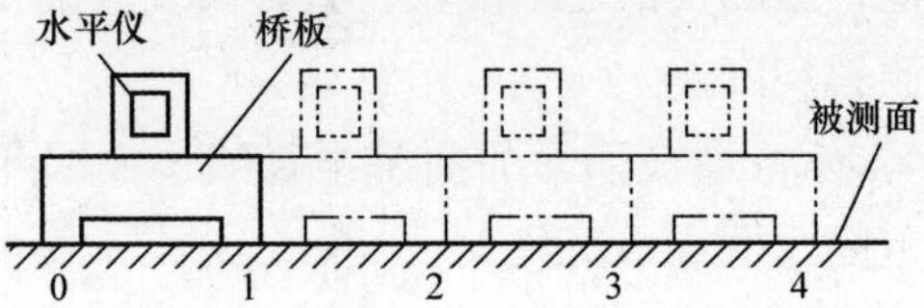

（续）

序号	步骤及说明	图示
3	根据各段读数画出导轨直线度曲线图：以导轨的长度为横坐标，水平仪读数为纵坐标。根据读数依次画出各折线段，每一段的起点要与前一段的终点重合	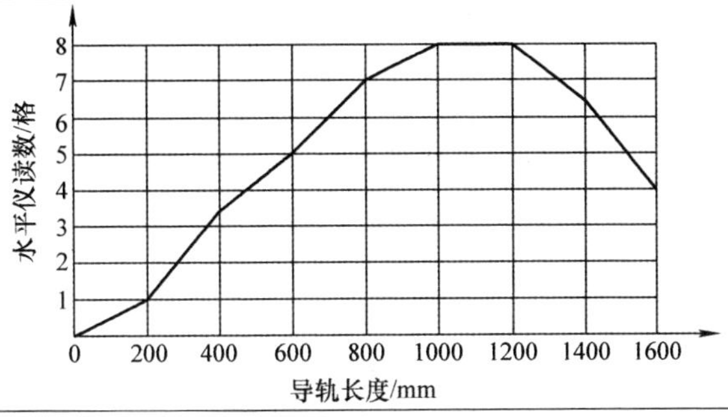
4	用两端点连线法或最小区域法确定最大误差读数和误差曲线形状	两端点连线法： 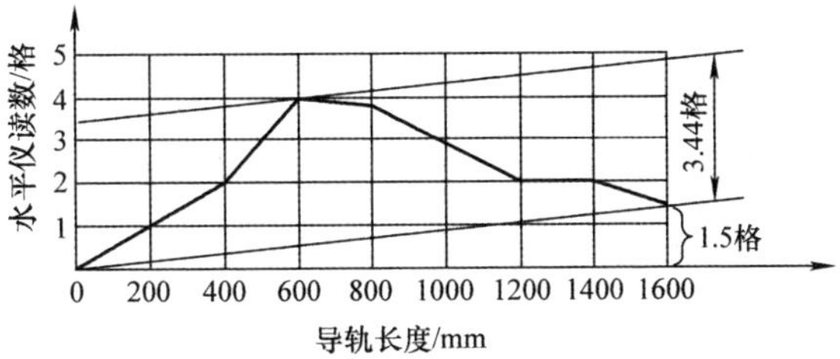 最小区域法： 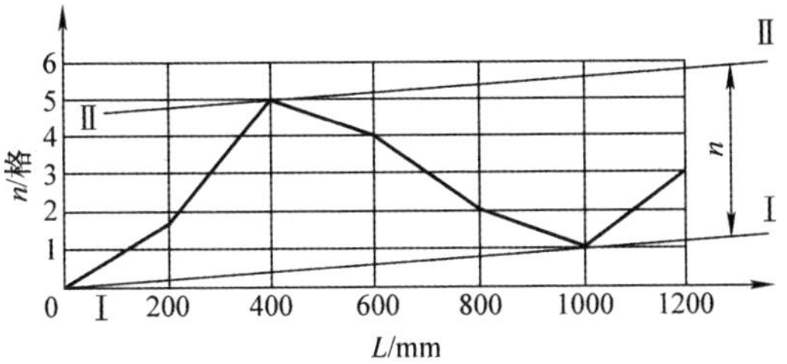
5	按误差格数换算导轨直线度线性值，一般按下式换算： $$\Delta H = nIL$$ ΔH 为导轨直线度误差（mm）；n 为曲线图中最大误差格数；I 为水平仪的读数精度；L 为每段测量长度（mm）	在上图例中：$\Delta H = nIL = 3.44 \times (0.02/1000) \times 200 = 0.014$（mm），所以该车床导轨直线度误差为 0.014mm
备注	（1）将导轨分成若干段，每段应与桥板长度相适应，测量时应首尾相接，否则就不能准确测量出误差。另外，如导轨较长，应选择较长的桥板；若分段过多，将会引起计量累积误差 （2）测量前应将导轨调平，如果导轨误差严重，用框式水平仪无法测量时，可考虑用合像水平仪或光学平直仪测量	

任务 8.3　标准块的使用

一、任务目标

1) 了解标准块的结构。

2) 掌握标准块的使用方法。

3) 熟悉标准块的维护和保养。

二、任务分析

利用标准块进行尺寸的搭接，要求正确熟练地搭组尺寸。

三、任务相关知识点

标准块又称块规，通常称为量块。量块定义：用耐磨材料制造，横截面为矩形，并具有一对相互平行测量面的实物量具。量块的测量面可以和另一量块的测量面相研合而组合使用，也可以和具有类似表面质量的辅助体表面相研合而用于量块长度的测量。

1. 量块的外形

如图 8.3-1 所示，上和下表示测量面；前后左右分别表示侧面。标称长度不

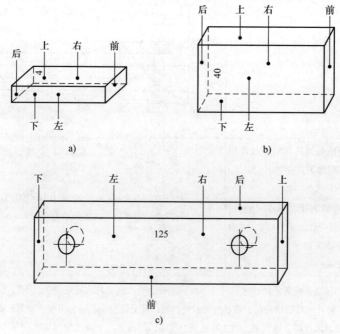

图 8.3-1　量块的测量面示意图

a) 量块的外形一　b) 量块的外形二　c) 量块的外形三

大于 5.5mm 的量块，代表其标称长度的数字刻印在上测量面上，与其相背的为下测量面。标称长度大于 5.5mm 的量块，代表其标称长度的数字印刻在面积较大的一个侧面上。当此侧面顺向面对观察者放置时，其右边的一面为上测量面，左面的一面为下测量面。

2. 量块的材料特性

（1）材料　量块应由优质钢或能被加工成容易研合表面的其他类似耐磨材料制造。

（2）线胀系数　在温度 10～30℃ 范围内，钢制量块的线胀系数应为

$$(11.5 \pm 1.0) \times 10^{-6}℃^{-1}$$

（3）硬度　钢制量块测量面的硬度应不低于 800HV0.5（或 63HRC）。

（4）尺寸稳定性　量块在不受异常温度、振动、冲击、磁场或机械力影响下，量块长度的最大允许年变化量应不超过表 8.3-1 的允许值。

表 8.3-1　尺寸稳定性的变动范围

等	级	量块长度的最大允许年变化量
1、2	K、0	$\pm(0.02\mu m + 0.25 \times 10^{-6} \times l_n)$
3、4	1、2	$\pm(0.02\mu m + 0.5 \times 10^{-6} \times l_n)$
5	3	$\pm(0.02\mu m + 1.0 \times 10^{-6} \times l_n)$

3. 量块的尺寸分布

每块量块只有一个长度尺寸可供使用，因此量块都是成套使用。如图 8-3-2 所示做成大大小小不同的量块组。量块的最小和最大标称长度分别为 0.5mm 和 1000mm。100mm 以下的成套量块常用 91 块组、83 块组、46 块组、38 块组、20 块组、12 块组和 10 块组等。100mm 以上的量块习惯上被称为长量块，成套量块

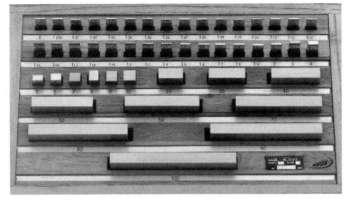

图 8.3-2　量块

有8块组和5块组，习惯上称为大8块和大5块。大8块的标称尺寸为125mm、150mm、175mm、200mm、250mm、300mm、400mm和500mm；大5块的标称尺寸为600mm、700mm、800mm、900mm和1000mm。

4. 量块的"级"与"等"

（1）量块的"级"　量块的"级"表示量块长度的实测值与标称值之间的接近程度。量块按制造精度分5级，即K、0、1、2、3级（K级为校准级），主要根据量块长度极限偏差、长度变动量、测量面的平面度及量块的研合性等指标来划分的。量块生产企业大都按"级"向市场销售量块。用量块长度极限偏差控制一批相同规格量块的长度变动范围；用量块长度变动量控制每一个量块两测量面间各对应点的长度变动范围。用户则按量块的标称尺寸使用量块。因此，按"级"使用量块必然受到量块长度制造偏差的影响，将把制造误差带入测量结果。各级量块误差大小见表8.3-2。

表8.3-2　各级量块误差大小　　　　　　（单位：μm）

标称长度 l_n/mm	K级		0级		1级		2级		3级	
	t_e	t_v	t_e	t_v	t_e	t_v	t_e	t_v	t_e	t_v
$l_n \leq 10$	±0.20	0.05	±0.12	0.10	±0.20	0.16	±0.45	0.30	±1.0	0.50
$10 < l_n \leq 25$	±0.30	0.05	±0.14	0.10	±0.30	0.16	±0.60	0.30	±1.2	0.50
$25 < l_n \leq 50$	±0.40	0.06	±0.20	0.10	±0.40	0.18	±0.80	0.30	±1.6	0.55
$50 < l_n \leq 75$	±0.50	0.06	±0.25	0.12	±0.50	0.18	±1.00	0.35	±2.0	0.55
$75 < l_n \leq 100$	±0.60	0.07	±0.30	0.12	±0.60	0.20	±1.20	0.35	±2.5	0.60
$100 < l_n \leq 150$	±0.80	0.08	±0.40	0.14	±0.80	0.20	±1.6	0.40	±3.0	0.65
$150 < l_n \leq 200$	±1.00	0.09	±0.50	0.16	±1.00	0.25	±2.0	0.40	±4.0	0.70
$200 < l_n \leq 250$	±1.20	0.10	±0.60	0.16	±1.20	0.25	±2.4	0.45	±5.0	0.75
$250 < l_n \leq 300$	±1.40	0.10	±0.70	0.18	±1.40	0.25	±2.8	0.50	±6.0	0.80
$300 < l_n \leq 400$	±1.80	0.12	±0.90	0.20	±1.80	0.30	±3.6	0.50	±7.0	0.90
$400 < l_n \leq 500$	±2.20	0.14	±1.10	0.25	±2.20	0.35	±4.4	0.60	±9.0	1.00
$500 < l_n \leq 600$	±2.60	0.16	±1.30	0.25	±2.6	0.40	±5.0	0.70	±11.0	1.10
$600 < l_n \leq 700$	±3.00	0.18	±1.50	0.30	±3.0	0.45	±6.0	0.70	±12.0	1.20
$700 < l_n \leq 800$	±3.40	0.20	±1.70	0.30	±3.4	0.50	±6.5	0.80	±14.0	1.30
$800 < l_n \leq 900$	±3.80	0.20	±1.90	0.35	±3.8	0.50	±7.5	0.90	±15.0	1.40
$900 < l_n \leq 1000$	±4.20	0.25	±2.00	0.40	±4.2	0.60	±8.0	1.00	±17.0	1.50

注：距离测量面边缘0.8mm范围内不计。

（2）量块的"等"　量块的"等"表示量块的长度的实测值与其真值的接近程度。制造高精度的量块的工艺要求高、成本也高，而且即使制造成高精度量块，在使用一段时间后，也会因磨损而引起尺寸减小，使其原有的精度级别降低。因此，经过维修或使用一段时间后的量块，要定期送专业部门按照标准对其各项精度指标进行检定，确定符合哪一"等"，并在检定证书中给出标称尺寸的修正值。标准规定了量块按其检定精度分为五等，即1、2、3、4、5等，其中1等精度最高，5等精度最低。"等"主要依据：决定量块的"等"应满足两个条件，一是对量块长度的测量结果不确定度，二是长度变动量。其中测量不确定度主要取决于测量所使用的仪器和测量方法，也包括对被检量块本身的质量要求，例如，量块的表面粗糙度、平面度、研合性、长度变动量等。因此，对按某"等"检定的量块需要首先检定其表面质量及其长度变动量等是否满足要求，各等量块误差大小见表8.3-3。

表8.3-3　各等量块误差大小　　　　　（单位：μm）

标称长度 l_n/mm	1 等		2 等		3 等		4 等		5 等	
	测量不确定度	长度变动量	测量不确定度	长度变动量	测量不确定度	长度变动量	测量不确定度	长度变动量	测量不确定度	长度变动量
$l_n \leqslant 10$	0.022	0.05	0.06	0.10	0.11	0.16	0.22	0.30	0.60	0.50
$10 < l_n \leqslant 25$	0.025	0.05	0.07	0.10	0.15	0.16	0.25	0.30	0.60	0.50
$25 < l_n \leqslant 50$	0.030	0.06	0.08	0.10	0.15	0.18	0.30	0.30	0.80	0.55
$50 < l_n \leqslant 75$	0.035	0.06	0.09	0.12	0.18	0.18	0.35	0.35	0.90	0.55
$75 < l_n \leqslant 100$	0.040	0.07	0.10	0.12	0.20	0.20	0.40	0.35	1.00	0.60
$100 < l_n \leqslant 150$	0.05	0.08	0.12	0.14	0.25	0.20	0.50	0.40	1.20	0.65
$150 < l_n \leqslant 200$	0.06	0.09	0.15	0.16	0.30	0.25	0.60	0.40	1.50	0.70
$200 < l_n \leqslant 250$	0.07	0.10	0.18	0.16	0.35	0.25	0.70	0.45	1.80	0.75
$250 < l_n \leqslant 300$	0.08	0.10	0.20	0.18	0.40	0.25	0.80	0.50	2.00	0.80
$300 < l_n \leqslant 400$	0.10	0.12	0.25	0.20	0.50	0.30	1.00	0.50	2.50	0.90
$400 < l_n \leqslant 500$	0.12	0.14	0.30	0.25	0.60	0.35	1.20	0.60	3.00	1.00
$500 < l_n \leqslant 600$	0.14	0.16	0.35	0.25	0.70	0.40	1.40	0.70	3.50	1.10
$600 < l_n \leqslant 700$	0.16	0.18	0.40	0.30	0.80	0.45	1.60	0.70	4.00	1.20
$700 < l_n \leqslant 800$	0.18	0.20	0.45	0.30	0.90	0.50	1.80	0.80	4.50	1.30
$800 < l_n \leqslant 900$	0.20	0.20	0.50	0.35	1.00	0.50	2.00	0.90	5.00	1.40
$900 < l_n \leqslant 1000$	0.22	0.25	0.55	0.40	1.10	0.60	2.20	1.00	5.50	1.50

注：1. 距离测量面边缘0.8mm范围内不计。

　　2. 表内测量不确定度置信概率为0.99。

（3）量块的"级"与"等"的关系　量块的"级"和"等"是从成批制造和单个检定两种不同的角度出发，对其精度进行划分的两种形式。按"级"

使用时，以标记在量块上的标称尺寸作为工作尺寸，该尺寸包含其制造误差。按"等"使用时，必须以检定后的实际尺寸作为工作尺寸，该尺寸不包含制造误差，但包含了检定时的测量误差。就同一量块而言，检定时的测量误差要比制造误差小得多。所以，量块按"等"使用时其精度比按"级"使用要高，且能在保持量块原有使用精度的基础上延长其使用寿命。量块使用一段时间后，实测值偏离标称值会越来越大，其级别会降低，但如果采用高精度仪器进行检定，会得到很高的准确度等级，因此会出现高"等"低"级"的现象。

5. 量块的使用

量块是在长度计量工作中经常使用的计量器具。

1）可作为长度标准，传递尺寸量值。

2）用于检定测量仪器的示值误差。

3）作为标准件，用比较法测量工件尺寸，或用来校准、调整测量器具的零位。

4）用于直接测量零件尺寸。

5）用于精密机床的调整和机械加工中精密划线。

量块对长度计量单位的统一和量值传递准确可靠起着重要作用。但是量块的数值是固定的，使用时经常需要多块量块组合使用，使用时量块的测量面必须精准研合。为了减少量块的组合误差，应尽量减少量块的组合块数，一般不超过 4块。选用量块时，应从所需组合尺寸的最后一位数开始，每选一块至少应减去所需尺寸的一位尾数。例如，从 83 块一套的量块中选取尺寸为 36.745mm 的量块组，选取方法为：

$$36.745 \quad \cdots\cdots\cdots 所需尺寸$$
$$-1.005 \quad \cdots\cdots\cdots\cdots 第一块量块尺寸$$
$$35.740$$
$$-1.24 \quad \cdots\cdots\cdots 第二块量块尺寸$$
$$34.500$$
$$-4.5 \quad \cdots\cdots\cdots 第三块量块尺寸$$
$$30.0 \quad \cdots\cdots\cdots\cdots 第四块量块尺寸$$

6. 维护与保养

（1）量块必须在使用有效期内，否则应及时送专业部门检定。

（2）使用环境良好，防止各种腐蚀性物质及灰尘对测量面的损伤，影响其研合性。

（3）分清量块的"级"与"等"，注意使用规则。

（4）所选量块应用航空汽油清洗、洁净软布擦干，待量块温度与环境温度相同后方可使用。

（5）轻拿、轻放量块，杜绝磕碰、跌落等情况的发生。

（6）不得用手直接接触量块，以免造成汗液对量块的腐蚀及手温对测量准确度的影响。

（7）使用完毕，应用航空汽油清洗所用量块，擦干后涂上防锈脂存于干燥处。

四、任务实施

（1）量具选用　常用 38 块、46 块、83 块、91 块标准块各一套。

（2）完成表 8.3-4 中尺寸的搭组。

表 8.3-4　标准块搭组记录表

序号	尺寸/mm	块数	所需标准块数					区别
			1	2	3	4	5	
1	12	38						
		46						
		83						
		91						
2	21.3	38						
		46						
		83						
		91						
3	32.34	38						
		46						
		83						
		91						
4	46.455	38						
		46						
		83						
		91						
5	56.734	38						
		46						
		83						
		91						

任务 8.4　正弦规的使用

一、任务目标

1）了解正弦规的结构及原理。

2）掌握正弦规的使用方法。

3）熟悉正弦规的维护和保养。

二、任务分析

从图 8.4-1 中可以看出，该图样的重要尺寸为圆锥角 30° ±2′，且锥面粗糙度值为 $Ra0.8\mu m$，因此测量这种角度需要用精度高的量具测量，故采用用正弦规测量该零件的角度尺寸为佳。

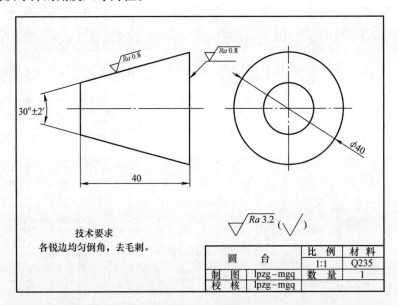

图 8.4-1　工件图样

三、任务相关知识点

正弦规是根据正弦函数原理，利用量块的组合尺寸，以间接方法测量角度的测量器具。正弦规的精度等级有 0 级、1 级。

1. 正弦规的结构

正弦规的结构型式有窄型和宽型两种。分别如图 8.4-2 和图 8.4-3 所示（图示仅作图解说明，不表示详细结构）

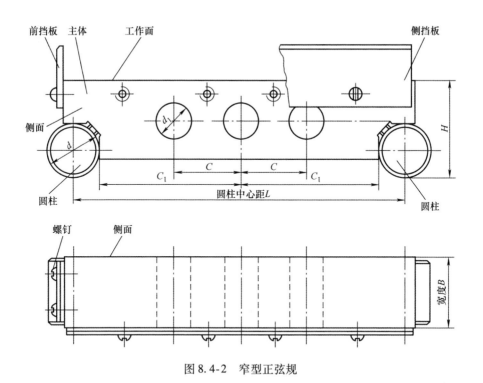

图 8.4-2　窄型正弦规

2. 正弦规的规格

正弦规的规格是根据正弦规底座两圆柱中心距来表示的，常用的规格是 100mm 和 200mm 两种。

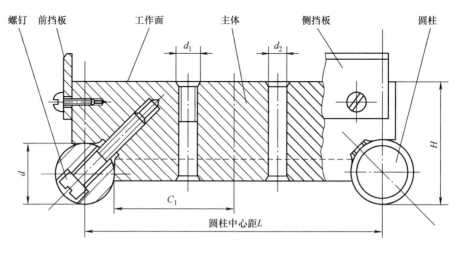

图 8.4-3　宽型正弦规

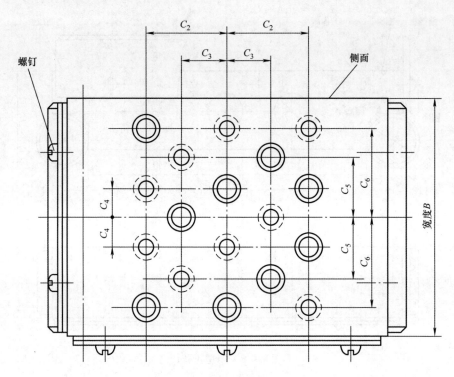

图 8.4-3　宽型正弦规（续）

3. 正弦规的技术参数

（1）正弦规工作面不得有严重影响外观和使用性能的裂痕、划痕、锈迹、夹渣等缺陷。

（2）正弦规主体工作面的硬度不得小于 664HV，圆柱工作面的硬度不得小于 713HV，挡板工作面的硬度不得小于 478HV。

（3）正弦规主体工作面的表面粗糙度值 Ra 的最大允许值为 $0.08\mu m$，圆柱工作面的表面粗糙度值 Ra 的最大允许值为 $0.04\mu m$，挡板工作面的表面粗糙度值 Ra 的最大允许值为 $1.25\mu m$。

（4）正弦规的尺寸偏差、几何公差和综合误差见表 8.4-1 的规定。

（5）正弦规各零件均应去磁，主体和圆柱必须进行稳定性处理。

（6）正弦规应能设置成 $0° \sim 80°$ 范围内的任意角度，其结构刚性和各零件强度应能适应磨削工作条件，各零件应易于拆卸和修理。

（7）正弦规的圆柱应采用螺钉可靠地固定在主体上，且不得引起圆柱和主体变形；紧固后的螺钉不得露出圆柱表面。主体上固定圆柱的螺孔不得露出工作面。

表 8.4-1 正弦规的参数误差

序号	项目		$L=100\text{mm}$		$L=200\text{mm}$		备注
			0级	1级	0级	1级	
1	两圆柱中心距的偏差	窄型	±1	±2	±1.5	±3	—
		宽型	±2	±3	±2	±4	
2	两圆柱轴线的平行度	窄型	1	1	1.5	2	全长上
		宽型	2	3	2	4	
3	主体工作面上各孔中心线间距离的偏差	宽型	±150	±200	±150	±200	—
4	同一正弦规的两圆柱直径差	窄型	1	1.5	1.5	2	—
		宽型	1.5	3	2	3	
5	圆柱工作面的圆柱度	窄型	1	1.5	1.5	2	—
		宽型	1.5	2	1.5	2	
6	正弦规主体工作面的平面度		1	2	1.5	2	中凹
7	正弦规主体工作面与两圆柱下部母线公切面的平行度		1	2	1.5	2	—
8	侧挡板工作面与圆柱轴线的垂直度		22	35	30	45	全长上
9	前挡板工作面与圆柱轴线的平行度	窄型	5	10	10	20	全长上
		宽型	20	40	30	60	
10	正弦规装置成30°时的综合误差	窄型	±5″	±8″	±5″	±8″	—
		宽型	±8″	±16″	±8″	±16″	

（μm，第6列标注）

注：1. 表中数值均按标准温度20℃给定。

　　2. 距工作面边缘1mm范围内，几何公差不计。

4. 正弦规使用方法

正弦规在测量角度时必须配合量块使用，图8.4-4所示为用正弦规测量圆锥量规的情况。在直角三角形中，$\sin\alpha = H/L$，式中 H 为量块组尺寸（该尺寸是按被测角度的理想角度算得）。然后通过测微仪在两端的示值之差可求得被测角度的误差。正弦规一般用于测量小于45°的角度，在测量小于30°的角度时，准确度可达 $3″\sim5″$。

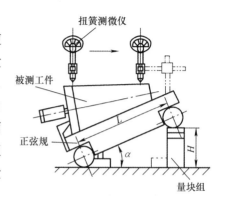

图 8.4-4 正弦规测量圆锥量规

四、任务实施

（1）备料　根据图样要求准备好零件。

（2）量具　准备 100mm 规格的正弦规一台，标准块一套，百分表一套。

（3）操作步骤

1）准备好测量所用的量具、零件、纸和笔。

2）计算出标准块组的高度值，并用标准块搭组好尺寸。

3）将正弦规和标准块组在测量平板上放置平稳。

4）将被测工件放置在正弦规测量面上。

5）将百分表安装好后，将测量头指向被测工件的测量面上。

6）移动百分表读出被测量面两端的数值。

7）将被测工件转过 90°、180°、270°后再分别测量一次，并记录数据。

8）将测得的数据依次填入到测量记录表 8.4-2 中。

表 8.4-2　圆台角度测量记录表

序号	尺寸名称	尺寸位置	实测记录（°）			结果
			1	2	差值	
1		0°				
2	30°±2′	90°				
3		180°				
4		270°				

项目 9

刮削与研磨

【学习目标】

1. 掌握正确的刮削姿势及操作要领。
2. 掌握刮刀的切削角度。
3. 掌握刮削质量的检验方法。
4. 了解研磨的作用及原理。
5. 了解各种研具的构造和用途。
6. 了解磨料的种类、性能及应用。
7. 掌握平面研磨的方法及其要点。
8. 掌握曲面研磨的方法及其要点。

任务9.1　刮　　削

一、任务目标

1）掌握正确的刮削姿势及操作要领。

2）掌握刮刀的切削角度。

3）掌握刮削质量的检验方法。

二、任务分析

从图9.1-1中可以看出，工件的设计基准为下底面，图中尺寸的精度要求不高，但是对于表面质量要求较高，表面粗糙度精度高，各加工面与基准面的垂直度和平行度要求也很高。

三、任务相关知识点

1. 刮削概述

（1）概念　刮削是指用刮刀在加工过的工件表面上刮去微量金属，以提高

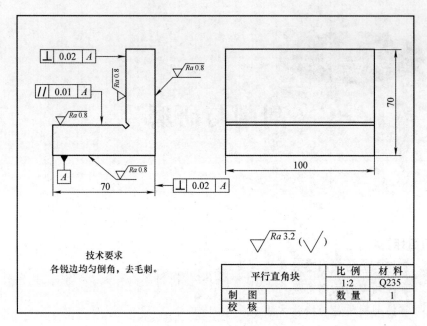

图 9.1-1　平行直角块零件图

表面形状精度、改善配合表面间接触状况的钳工作业。

（2）分类　刮削可分为平面刮削和曲面刮削两种。

1）平面刮削。平面刮削有单个平面刮削（如平板、工件台面等）和组合平面刮削（如 V 形导轨面、燕尾槽面等）两种。

2）曲面刮削。曲面刮削有内圆柱面、内圆锥面和球面刮削等。

（3）原理　将工件与标准工具或与其配合的工件之间涂上一层显示剂，经过对研，使工件上较高的部位显示出来，然后用刮刀进行微量切削，刮去较高部位的金属层。经过这样反复地对研和刮削，工件就能达到正确的形状和精度要求。

（4）刮削特点和作用　刮削具有切削量小、切削力小、产生热量小、装夹变形小等特点，不存在车、铣、刨等机械加工中不可避免的振动、热变形等因素，所以能获得很高的尺寸精度、形状和位置精度、接触精度、传动精度和很小的表面粗糙度。

在刮削过程中，由于工件多次反复地受到刮刀的推挤和压光作用，因此使工件表面组织变得比原来紧密，并得到较小的表面粗糙度。经过刮削，可以提高工件的形状精度和配合精度；增加接触面积，从而增大了承载能力；形成了比较均匀的微浅凹坑，创造了良好的存油条件；提高工件表面质量，从而提高工件的耐磨和耐蚀性, 延长了使用寿命; 刮削还能使工件表面和整机更加美观。

2. 刮削工具

刮刀是刮削的主要工具, 刀头应具有较高的硬度, 刃口必须保持锋利。刮刀一般采用碳素工具钢 T10A ~ T12A 或弹性较好的 GCr15 滚动轴承钢锻造而成, 并经刃磨和热处理淬硬。刮削硬工件时, 也可焊上硬质合金刀头。

根据用途不同, 刮刀可分为平面刮刀和曲面刮刀两大类。

(1) 平面刮刀 如图 9.1-2 所示平面刮刀, 主要用来刮削平面, 如平板、工作台等, 也可用来刮削外曲面。平面刮刀按所刮表面的精度要求不同, 又可分为粗刮刀、细刮刀和精刮刀三种。刮刀的长短宽窄的选择由于人体手臂、长短的不同, 并无严格规定, 以使用适当为宜。平面刮刀按形状不同有直头刮刀和弯头刮刀。

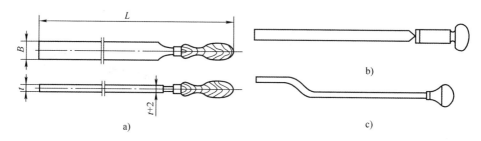

图 9.1-2 平面刮刀
a) 平面刮刀 b) 直头刮刀 c) 弯头刮刀

(2) 曲面刮刀 主要用来刮削内曲面, 如滑动轴承的内孔等。曲面刮刀的种类较多, 常用的有三角刮刀和蛇头刮刀两种, 如图 9.1-3所示。

(3) 刮刀的几何角度 平面刮刀的几何角度如图 9.1-4 所示, 其楔角 β 的大小, 应根据粗、细、精刮的要求而定。

粗刮刀 β 为 92.5°, 切削刃必须平直。

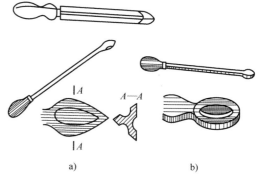

图 9.1-3 曲面刮刀
a) 三角刮刀 b) 蛇头刮刀

细刮刀 β 为 95°左右, 切削刃稍带圆弧。

精刮刀 β 为 97.5°左右, 切削刃圆弧半径比细刮刀小些。

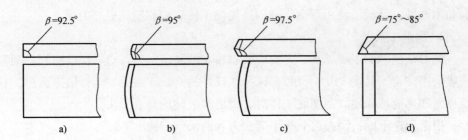

图 9.1-4　刮刀几何角度

a) 粗刮刀　b) 细刮刀　c) 精刮刀　d) 韧性材料刮刀

（4）刮削校准工具　校准工具也称研具，它是用来合磨研点和检验刮削面准确性的工具。常用的有以下几种：

1）标准平板。主要用来检验较宽的平面，其面积尺寸有多种规格。选用时，它的面积一般应不大于刮削面的 3/4，它的结构和形状如图 9.1-5 所示。

图 9.1-5　标准平板

2）标准直尺。主要用来校验狭长的平面。常用的有桥式直尺和工字形直尺两种，其结构形状如图 9.1-6 所示。桥式直尺主要用来检验大导轨的直线度。工字形直尺分单面和双面两种。单面工字形直尺的一面经过精刮，精度较高，常用来检验较短导轨的直线度；双面工字形直尺的两面都经过精刮并且互相平行，它常用来检验狭长平面相对位置的准确性。

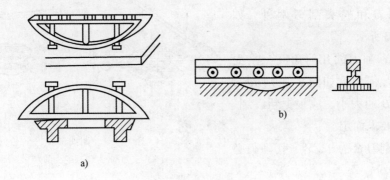

图 9.1-6　标准直尺

a) 桥式直尺　b) 工字形直尺

3）角度直尺。角度直尺主要用来校验两个刮面成角度的组合平面，如燕尾导轨的角度等。其结构和形状如图 9.1-7 所示。两基准面经过精刮，并成为所需的标准角度，如 55°、60° 等。第三面只是作为放置时的支承面，所以不必经过精密加工。

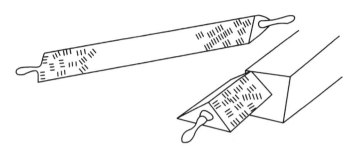

图 9.1-7　角度直尺

3. 显示剂及精度检验

（1）显示剂　工件和校准工具对研时，所加的涂料叫显示剂。其作用是显示工件误差的位置和大小。常用的显示剂有红丹粉和蓝油，如图 9.1-8 所示。

图 9.1-8　红丹粉和蓝油

（2）显示剂用法　刮削时，显示剂可涂在工件上或涂在标准研具上。显示剂涂在工件上，显示的结果是红底黑点，没有闪光，容易看清，适于精刮时选用。涂在标准研具上，显示结果是灰白底，黑红色点子，有闪光，不易看清楚，但刮削时铁屑不易粘在刀口上，刮削方便，适于粗刮时选用。

调合显示剂时应注意：粗刮时，显示剂可调得稀一些，以便于涂抹，涂层可厚些，显示的研点也大；精刮时，应调得稠一些，涂层应薄而均匀，使显示出的点子细小而清晰。当刮削到即将符合要求时，显示剂涂层应更薄，只把工件上在刮削后的剩余显示剂涂抹均匀即可。

（3）精度的检验 对刮削面的质量要求，一般包括形状和位置精度、尺寸精度、接触精度及贴合程度、表面粗糙度等。根据工件的工作要求不同，检查刮削精度的方法主要有下列两种：

1）以贴合点的数目来表示：即以边长为25mm 的正方形内含研点数目的多少来表示平面刮削的精度，如图 9.1-9 所示。各种表面刮削研点见表 9.1-1。

图 9.1-9 研点检查

表 9.1-1 各表面刮削研点数及应用

平面种类	每 25mm × 25mm 内的研点数	应用场合
一般平面	2 ~ 5	较粗糙机件的固定结合面
	>5 ~ 8	一般结合面
	>8 ~ 12	一般基准面、机床导向面、密封结合面
	>12 ~ 16	机床导轨及导向面、工具基准面、量具接触面
精密平面	>16 ~ 20	精密机床导轨、直尺
	>20 ~ 25	1 级平板、精密量具
超精密平面	>25	0 级平板、高精度机床导轨、精密量具

2）用允许的平面度和直线度表示。工件大范围平面内的平面度以及机床导轨面的直线度等，可用方框水平仪检查，同时其接触精度应符合规定的技术要求。有些精度较低的机件，其配合面之间的精度可用塞尺来检查，如图 9.1-10 所示。

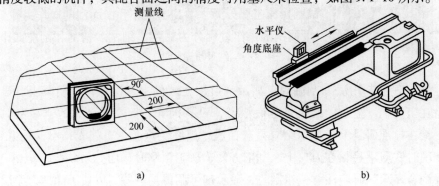

图 9.1-10 平面度与直线度检查
a）检查平面度 b）检查直线度

4. 刮削操作方法

（1）刮削前的准备工作

1）工作场地的选择。刮削场地的光线应适当，太强或太弱都可能看不清研点。当刮削大型精密工件时，还应有温度变化小、地基坚实的地面和良好环境卫生的场地，以保证刮削后工件不变形。

2）工件的支承。工件必须安放平稳，刮削时不产生晃动。工件安放时要选择合理的支承点，使工件保持自由状态，不应因支承不当而使工件受到附加压力。如图9.1-11所示，对于刚性好、质量大、面积大的工件（如机器底座、大型平板等），应该用垫铁三点支承；对于细长易变形工件，可用垫铁两点支承。在安放工件时，工件刮削面位置的高低要方便操作，便于发挥力量。

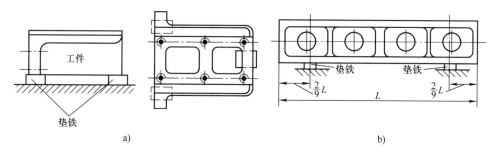

图9.1-11　工件的支承

a）用三点支承　b）用两点支承

3）工件的准备。应去除工件刮削面毛刺，锐边要倒角，以防划伤手指，擦净刮削面上油污，以免影响显示剂的涂布和显示效果。

4）刮削工具的准备。根据刮削要求应准备所需的粗、细、精刮刀及校准工具和有关量具等。

（2）刮削的操作　刮削操作主要分为平面刮削操作和曲面刮削操作两种。

1）平面刮削操作。平面刮削操作过程分为粗刮、细刮、精刮和刮花四个步骤。操作手法有挺刮法和手刮法两种。

① 粗刮。粗刮是用粗刮刀在刮削面上均匀地铲去一层较厚的金属。采用连续推铲的方法，刀迹要连成长片。粗刮的目的：很快地去除上道工序留下的刀痕、锈斑或过多的余量。当粗刮达到每25mm×25mm的正方形面积内有2~3个研点，且分布均匀时，粗刮结束。

② 细刮。细刮是用细刮刀在刮削面上刮去稀疏的大块研点（俗称破点），目的是进一步改善不平现象，增加研点数。细刮采用短刮法，刀痕宽而短，刀痕长度均为刀刃宽度的1/3~1/2。当研点数达到10~14时，细刮结束。

③ 精刮。精刮是用精刮刀更仔细地刮削研点（俗称摘点），目的是进一步增加研点数，改善表面质量，使刮削面符合精度要求。精刮时采用点刮法，当研点逐渐增加到 25mm × 25 mm 面积内有 20 点以上时，精刮结束。

④ 刮花。在精刮后或精刨、精铣以及磨削后的工作表面刮削出各种花纹的操作称为刮花。刮花的目的：一是使刮削面美观；二是为了使移动副之间形成良好的润滑条件；三是可以通过花纹的消失来判断平面的磨损程度，常见的刮花花纹如图 9.1-12 所示。

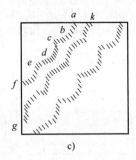

图 9.1-12　刮花花纹

a）斜纹花　b）鱼鳞花　c）半月花

⑤ 挺刮法。挺刮操作是两手握持挺刮刀，利用大腿和腰腹力量进行刮削的一种方法。挺刮法可以进行大力量刮削，适合于大面积、大余量工件的刮削，但劳动强度大。挺刮姿势如图 9.1-13 所示。

⑥ 手刮法。手刮法是两手握持手刮刀，利用手臂力量进行刮削的一种方法。手刮法的切削量小，且手臂易疲劳，适用于小面积、小余量工件和不便挺刮的地方。手刮法操作姿势如图 9.1-14 所示。

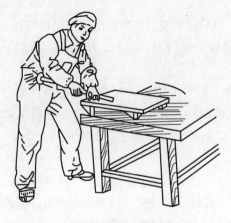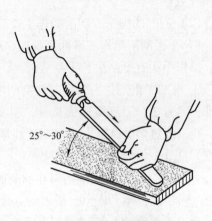

图 9.1-13　挺刮姿势　　　　图 9.1-14　手刮姿势

184

2）曲面刮削操作。曲面刮削操作主要分为内曲面刮削和外曲面刮削两种。操作过程可分为粗刮、细刮、精刮三个步骤。

① 内曲面刮削。内曲面刮削时，应根据形状和刮削要求，选择合适的刮刀和显点方法。一般是以标准轴（也称工艺轴）或与其相配合的轴作为内曲面研点的校准工具。研合时将显示剂涂在轴的圆周上，使轴在内曲面中旋转显示研点，然后根据研点进行刮削。刮削时刮刀中心线要与工件曲面轴线成 15°~45° 夹角，刮刀沿着内曲面做有一定倾斜的径向旋转刮削运动，一般是沿着顺时针方向自前向后拉刮。

② 外曲面刮削。外曲面刮削操作可以参照平面刮削操作，在操作中外曲面刮削只刮一条线，而不是面。

③ 曲面刮削注意事项：

a. 刮削时用力不可太大，以不发生抖动，不产生振痕为宜。

b. 交叉刮削，刀迹与曲面内孔中心线约成 45°，以防止刮面产生波纹，研点也不会为条状。

c. 研点时相配合的轴应沿曲面做来回转动，精刮时转动弧长应小于 25mm，切忌沿轴线方向做直线研点。

d. 在一般情况下由于孔的前后端磨损快，因此刮削内孔时，前后端的研点要多些，中间段的研点可以少些。

5. 刮削的操作要点

（1）刮削余量的确定 刮削精度很高，且劳动强度大、效率低，所以对刮削余量的预留有一定的要求。一般的刮削余量见表 9.1-2 和表 9.1-3。

表 9.1-2 平面刮削余量 （单位：mm）

平面宽度	不同平面长度的平面刮削余量				
	100~500	500~1000	1000~2000	2000~4000	4000~6000
100 以下	0.10	0.15	0.20	0.25	0.30
100~500	0.15	0.20	0.25	0.30	0.40

表 9.1-3 曲面刮削余量 （单位：mm）

孔径	不同长度的曲面刮削余量		
	100 以下	100~200	200~300
80 以下	0.05	0.08	0.12
80~180	0.10	0.15	0.25
180~360	0.15	0.20	0.35

（2）平面研点方法 显点应根据工件的不同形状和被刮削面积的大小区别进行。

1）中、小型工件的显点，一般是校准平板固定不动，工件被刮面在平板上推研。如果工件被刮面小于平板面，推研时最好不超过平板；如果被刮面等于或稍大于平板面，允许工件超出平板，但超出部分应小于工件长度的1/3，还应在整个平板上推研，以防止平板局部磨损，如图9.1-15所示。

2）大型工件的显点，是将工件固定，平板在工件的被刮面上推研，采用水平仪与显点相结合来判断被刮面的误差。推研时，平板超出工件被刮面的长度应小于平板长度的1/5。

3）质量不对称工件的显点，推研时应在工件某个部位托或压，但用力的大小要适当、均匀。显点时还应注意，如果两次显点有矛盾时，应分析原因。如图9.1-16所示工件，其显点可能里多外少或里少外多，如出现这种情况，不作具体分析，仍按显点刮削，那么刮出来的表面很可能中间凸出，因此压和托用力要得当，才能反映出正确的显点。

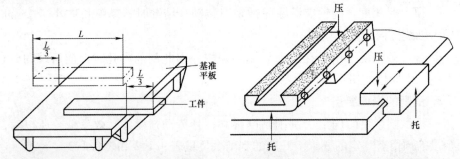

图9.1-15 中、小型工件的显点　　　图9.1-16 质量不对称工件的显点

4）薄板工件的显点，因其厚度小易变形，所以只能靠自身的质量在平板上推研，即使用手按住推研，也要使受的力均匀分布在整个薄板上，以反映出正确的显点。否则，往往会出现中间凹的情况。

5）轴承内曲面刮削研点数要求见表9.1-4。

表9.1-4　轴承内曲面研点数

轴承直径 d/mm	机床或精密机械主轴轴承			锻压设备、通用机械的轴承		动力机械、冶金设备的轴承	
	高精密	精密	普通	重要	普通	重要	普通
	每边长为25mm的正方形面积内的接触点数						
≤120	25	20	16	12	8	8	5
>120	—	16	10	8	6	6	2

6. 刮削面缺陷分析

刮削是一种精密加工，每刮一刀去除的余量很少，故一般不易产生废品。但在刮削有配合公差要求的工件时，也很容易产生缺陷，常见的缺陷和产生原因见表9.1-5。

表 9.1-5　刮削缺陷和产生原因

缺陷形式	特征	产生的原因
深凹痕	刮削面研点局部稀少或刀迹与显示研点高低相差太多	1. 粗刮时用力不均、局部落刀太重或多次刀迹重 2. 切削刃磨得弧形半径过小
撕痕	刮削面上有粗糙的条状刮痕，较正常刀迹深	1. 切削刃不光洁和不锋利 2. 切削刃有缺口或裂纹
振痕	刮削面上出现有规则的波痕	多次同向刮削，刀迹没有交叉
划道	刮削面上划出深浅不一的直线	研点时夹有沙砾、铁屑等杂质，或显示剂不清洁
刮削面精密度不准确	显点情况无规律地改变且捉摸不定	1. 推磨研点时压力不均，研具伸出工件太多，按出现的假点刮削造成 2. 研具本身不准确

四、任务实施

（1）备料　根据图样要求准备好 70mm × 70mm × 100mm 的坯料，如图9.1-17所示。

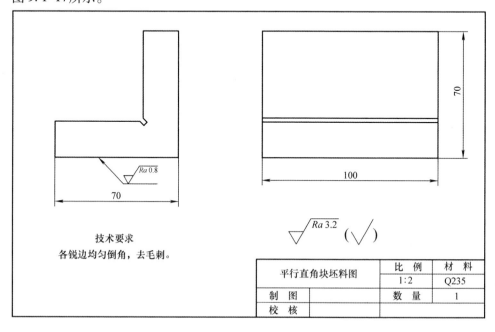

图 9.1-17　平行直角块坯料图

（2）工具　标准平板，标准方箱，百分表，游标卡尺，磁性表座，研磨板，粗、细、精平面刮刀、红丹粉。

（3）操作步骤　见表9.1-6。

表9.1-6　刮削加工步骤及工艺流程

序号	工艺流程图	工艺流程	要求	检测
1		检测毛坯尺寸及各面的位置误差，确定各面的加工余量	保证B、C、D面的刮削余量在0.05mm左右	游标卡尺
2		粗、精刮削B面	保证图样垂直度要求及刮削表面质量	百分表，红丹粉，研磨板
3		粗、精刮削C面	保证图样平行度要求及刮削表面质量	百分表，红丹粉，研磨板
4		粗、精刮削D面	保证图样垂直度要求及刮削表面质量	百分表，红丹粉，研磨板

（4）评价见表 9.1-7。

表 9.1-7　刮削质量评分表

序号	评分项目			评分标准	配分	检测结果	得分
1	⊥	0.02	A	超差不得分	20		
2	⊥	0.02	A	超差不得分	20		
3	//	0.01	A	超差不得分	20		
4	20 点/(25mm × 25mm)			超差不得分	20		
5	表面粗糙度值 $Ra0.8\mu m$			升高一级不得分	10		
6	安全文明生产			违规不得分	10		
	合计				100		

任务 9.2　研　　磨

一、任务目标

1）了解研磨的作用及原理。

2）了解各种研具的构造和用途。

3）了解磨料的种类、性能及应用。

4）掌握平面研磨的方法及其要点。

5）掌握曲面研磨的方法及其要点。

二、任务分析

从图 9.2-1 中可以看出，工件的设计基准为左下角，其中长度方向尺寸为 $60mm \pm 0.01mm$，高度方向尺寸 $40mm \pm 0.01mm$，宽度方向为 8mm。从尺寸中可以看出长度和高度方向精度要求较高。且图中还有垂直度和平行度几何公差要求。

三、任务相关知识点

用研磨工具和研磨剂，从工件上研去一层极薄表面层的精加工方法，称为研磨。

1. 研磨目的

（1）得到较小的表面粗糙度值　经过研磨加工的表面粗糙度值比大多数其他加工方法要小。一般情况下表面粗糙度值为 $Ra0.1 \sim 1.6\mu m$，最小可达到 $Ra0.012\mu m$。

（2）达到精确的尺寸　经过研磨加工后，尺寸公差可达到 $0.001 \sim 0.005mm$。

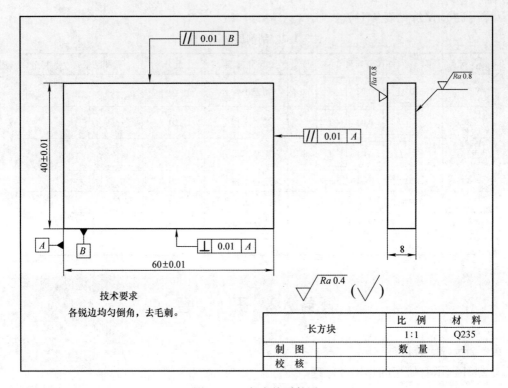

图 9.2-1　长方块零件图

（3）提高工件的几何精度　经过研磨加工后，几何公差可控制在 0.005mm。经研磨的零件，由于有很高的几何精度和很小的表面粗糙度值，零件的耐磨度、抗腐蚀性和疲劳强度也都相应得到提高，从而延长了零件的使用寿命。

2. 研磨原理

研磨是物理和化学作用除去零件表层的一种加工方法。

（1）物理作用　研磨时要求研具材料比被研磨的工具软。

（2）化学作用　采用易使金属氧化的铬和硬脂酸配制的研磨剂时，使被磨表面与空气接触后，很快形成一层氧化膜。氧化膜由于本身的特性又容易被磨掉，因此，在研磨过程中，氧化膜迅速地形成（化学作用），而又不断地被磨掉（物理作用），从而提高了研磨的效率，如图 9.2-2 所示。

3. 研磨余量

由于研磨是微量切削，每研磨一遍所能磨去的金属层不超过 0.002mm。因此研磨余量不能太大，通常在 0.005～0.03mm 范围内比较适宜，有时研磨余量就留在工件的公差之内。

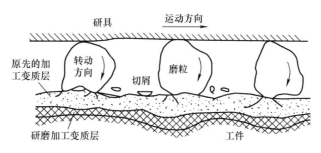

图 9.2-2　研磨过程化学作用示意图

4. 研磨工具

（1）研具

1）研具种类

① 研磨平板，用于研磨平面，有带槽和无槽两种类型。带槽的用于粗研，无槽的用于精研，模具零件上的小平面，常用自制的小平板进行研磨，如图 9.2-3a 所示。

② 研磨环，主要研磨外圆柱表面，如图 9.2-3b 所示。研磨环的内径比工件的外径大（0.025～0.05）mm，当研磨环内径磨大时，可通过外径调解螺钉使调节圈的内径缩小。

③ 研磨棒，主要用于圆柱孔的研磨，分固定式和可调式两种。可调式研磨棒如图 9.2-3c 所示。固定式研磨棒制造容易，但磨损后无法补偿，分有槽的和无槽的两种结构，有槽的用于粗研，无槽的用于精研。

当研磨环的内孔和研磨棒的外圆做成圆锥形时，可用于研磨内外圆锥表面。

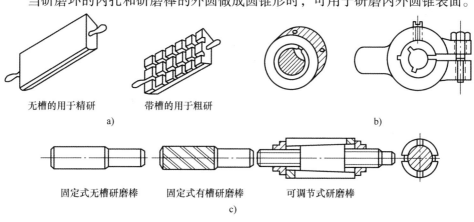

无槽的用于精研　　带槽的用于粗研

a)　　　　　　　　　　　　　　　　　　　　　　　b)

固定式无槽研磨棒　固定式有槽研磨棒　可调节式研磨棒

c)

图 9.2-3　研具的种类

a）研磨平板　b）研磨环　c）研磨棒

2）研具材料

① 灰铸铁。具有润滑性好，磨耗较慢，硬度适中，研磨剂在其表面容易涂布均匀等优点。

② 球墨铸铁。比一般铸铁容易嵌存磨料，可使磨粒嵌入牢固、均匀，同时能增加研具的耐用度，可获得高质量的研磨效果。

③ 低碳钢。韧性较好，强度较高，常用于制作小型研具。如研磨小孔、窄槽等。

④ 各种非铁金属及合金。如铜、黄铜、青铜、锡、铝、铅锡合金等，材质较软，表面容易嵌入磨粒，适宜做软钢类工件的研具。

⑤ 非金属材料。如木、竹、皮革、毛毡、纤维板、塑料、玻璃等。除玻璃以外，其他材料质地较软，磨粒易于嵌入，可获得良好的研磨效果。

（2）研磨剂　研磨是由磨料和研磨液调和而成的混合剂。

1）磨料。磨料在研磨中起切削作用，常用的磨料种类有以下三种：

① 刚玉类磨料主要用于碳素工具钢、合金工具钢、高速钢和铸铁工件的研磨。这类磨料能研磨硬度为 60HRC 左右的工件。

② 碳化物磨料的硬度高于刚玉类磨料，因此，除可用作一般钢制件的研磨外，主要用来研磨硬质合金、陶瓷与硬铬之类的高硬度工件。

③ 金刚石磨料分为人造和天然的两种，它的切削能力比刚玉类、碳化物磨料都高，使用效果也好。但价格昂贵，一般只用于硬质合金、硬铬、宝石和陶瓷等高硬度工件的精研磨加工。

磨料的选择一般要根据所要求的加工表面粗糙度来选择。从研磨加工的效率和质量来说，要求磨料的颗粒要均匀。粗研磨时，为了提高生产率，用较粗的粒度，如 W28～W40；精研磨时，用较细的粒度如，如 W5～W27；精细研磨时，用更细的粒度如，如 W1～W3.5。

磨料的粒度按照颗粒尺寸分为 41 个号，其中磨粉类有 F4、F5、…、F1200 共 37 种，粒度号越大，磨料越细；微粉类有 W3.5、W2.5、…、W0.5 共 5 种，这一种是号数越大，磨料越粗。在选用时应根据工件要求精度的高低来选取。常用的研磨粉牌号及应用范围见表 9.2-1。

表 9.2-1　研磨粉牌号及应用

研磨粉号数	研磨加工类别	可达到的表面粗糙度值 $Ra/\mu m$
F100～F220	用于最初的研磨加工	0.5～0.2
F280～F400	用于粗研磨加工	0.2～0.1
F500～F800	用于半粗研磨加工	0.1～0.05
F1000、F1200 及微粉	用于精细研磨加工	<0.05

2）研磨液。在研磨加工中主要起调和磨料、冷却和润滑的作用。一般应具备以下条件：

① 有一定的黏度和稀释能力，磨料通过研磨液的调和与研具表面有一定的黏附性，使磨料对工件产生切削作用。

② 具有良好的润滑和冷却作用。

③ 对工件无腐蚀作用、不影响人体健康，且容易清洗干净。

5. 研磨分类

按研磨工艺的自动化程度研磨分为两种。

（1）手动研磨　工件、研具的相对运动，均用手动操作。加工质量依赖于操作者的技能水平，劳动强度大，工作效率低。适用于各类金属、非金属工件的各种表面。模具成形零件上的局部窄缝、狭槽、深孔、不通孔和死角等部位，仍然以手工研磨为主。

（2）机械研磨　工件、研具的运动均采用机械运动。加工质量靠机械设备保证，工作效率比较高。但只能适用于表面形状不太复杂的零件的研磨。目前汽车行业的汽缸内圆表面的精细研磨都采用机械研磨的方式。

6. 研磨操作要点

（1）研磨余量选择　研磨余量的大小应根据工件研磨面积的大小和精度要求而定，具体可参照表9.2-2、表9.2-3和表9.2-4进行选择。

表9.2-2　平面研磨的余量　　　　　　　　　　（单位：mm）

平面长度	不同平面宽度的平面研磨余量		
	≤25	>25 ~ 75	>75 ~ 150
≤25	0.005 ~ 0.007	0.007 ~ 0.010	0.010 ~ 0.014
>25 ~ 75	0.007 ~ 0.010	0.010 ~ 0.014	0.014 ~ 0.020
>75 ~ 150	0.010 ~ 0.014	0.014 ~ 0.020	0.020 ~ 0.024
>150 ~ 260	0.014 ~ 0.018	0.020 ~ 0.024	0.024 ~ 0.030

表9.2-3　外圆研磨的余量　　　　　　　　　　（单位：mm）

外径	双边余量	外径	双边余量
≤10	0.003 ~ 0.005	>50 ~ 80	0.008 ~ 0.012
>10 ~ 18	0.005 ~ 0.008	>80 ~ 120	0.010 ~ 0.014
>18 ~ 30	0.007 ~ 0.010	>120 ~ 180	0.012 ~ 0.016
>30 ~ 50	0.008 ~ 0.010	>180 ~ 260	0.015 ~ 0.020

表 9.2-4　内孔研磨的余量　　　　　　（单位：mm）

内径	余量	
	铸铁	钢
25 ~ 125	0.020 ~ 0.100	0.010 ~ 0.040
150 ~ 275	0.080 ~ 0.100	0.020 ~ 0.050
300 ~ 500	0.120 ~ 0.200	0.040 ~ 0.060

（2）研磨速度与压力的选择　采用不同的研磨方法，其研磨速度及压力也应取不同的数值，表 9.2-5、表 9.2-6 分别给出了采用不同研磨方法时研磨速度、压力的选择。

表 9.2-5　研磨速度的选择　　　　　　（单位：m/min）

研磨方法	平面		外圆	内孔	其他
	单面	双面			
湿研法	20 ~ 120	20 ~ 60	50 ~ 75	50 ~ 100	10 ~ 70
干研法	10 ~ 30	10 ~ 15	10 ~ 25	10 ~ 20	2 ~ 8

表 9.2-6　研磨压力的选择　　　　　　（单位：MPa）

研磨方法	平面	外圆	内孔	其他
湿研法	0.1 ~ 0.25	0.15 ~ 0.25	0.12 ~ 0.28	0.08 ~ 0.12
干研法	0.01 ~ 0.10	0.05 ~ 0.15	0.04 ~ 0.16	0.03 ~ 0.10

（3）平面研磨轨迹的选择　平面研磨的运动轨迹一般有直线往复式研磨运动轨迹、直线摆动式研磨运动轨迹、螺旋式研磨运动轨迹、8 字形或仿 8 字形研磨运动轨迹，如图 9.2-4 所示。

（4）各种表面的研磨方法

1）平面的研磨

① 研磨前，先用煤油或汽油把研磨平板的工作表面清洗干净并擦干，然后在研磨平板上涂上适当的研磨剂，把工件放在研磨平板上，用手按住研磨。

② 先用有槽的平板进行粗研，再用光滑平板精研。

③ 研磨时压力要适中，粗研时压力可大些，速度 40 ~ 60 次/min，精研时压力小些，速度 20 ~ 40 次/min。

2）外圆柱面的研磨

① 将工件用煤油洗净擦干并均匀地涂上研磨剂。

② 套上研磨套并调整好研磨间隙，其松紧程度以手能转动为宜。

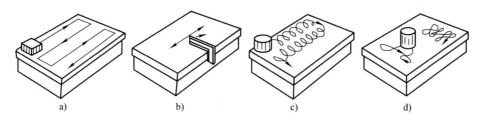

图 9.2-4　平面研磨轨迹

a) 直线往复式　b) 直线摆动式　c) 螺旋式　d) 8字形或仿8字形

③ 通过机床夹住工件旋转，同时手握研具做轴向往复运动进行研磨。

④ 直径小于80mm时，工件转速为100r/min，直径大于100mm，工件转速为50r/min。

⑤ 研具往复运动速度根据工件磨出的网纹来控制，表面出现45°网纹说明速度适当。

⑥ 研具应经常调头研磨。

3）内圆柱面的研磨

① 用煤油将工件洗净擦干。

② 将研磨棒夹在机床卡盘上，并将研磨剂均匀地涂在其表面。

③ 研磨时，研磨棒旋转，手持工件在研磨棒全长上做均匀往复运动，研磨速度取0.3~1m/s。

④ 研磨中不断调大研磨棒直径，以达到工件要求的尺寸精度，其配合松紧程度以手把持工件不感觉十分费力为宜。

⑤ 机体上大尺寸孔，应尽量使其轴线垂直地面，进行手工研磨。

7. 研磨面常见缺陷分析（见表9.2-7）

表 9.2-7　研磨面常见缺陷分析

缺陷形式	产生原因
表面粗糙度值大	1. 磨料太粗 2. 研磨剂选用不当 3. 研磨剂涂得薄而不均 4. 研磨时忽视清洁工作，研磨剂中混入杂质
平面成凸形	1. 研磨时压力过大 2. 研磨剂涂得太厚，工件边缘挤出的研磨剂未及时擦去，仍继续研磨 3. 运动轨迹没有错开 4. 研磨平板选用不当

（续）

缺陷形式	产生原因
孔口扩大	1. 研磨剂涂抹不均匀 2. 研磨时孔口挤出的研磨剂未及时擦去 3. 研磨棒伸出太长 4. 研磨棒与工件孔之间的间隙太大，研磨时研具相对于工件孔的径向摆动太大 5. 工件内孔本身或研磨棒有锥度
孔成椭圆形或圆柱有锥度	1. 研磨时没有更换方向或及时调头 2. 工件材料硬度不均或研磨前加工质量太差 3. 研磨棒本身的制造精度低

四、任务实施

（1）备料　根据图样要求准备好 60mm × 40mm × 8mm 的毛坯件，如图 9.2-5 所示。

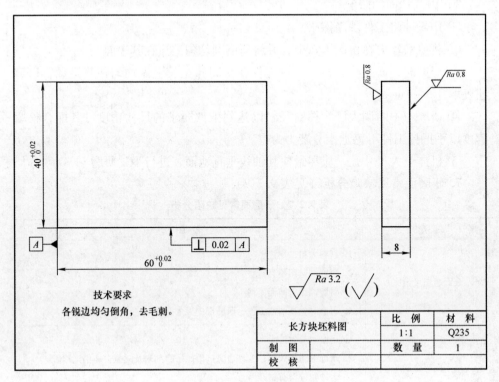

图 9.2-5　长方块坯料图

（2）工具　研磨平板、各种研具及研磨剂、测量工具。

（3）操作步骤见表 9.2-8。

表 9.2-8　加工步骤及工艺流程

序号	工艺流程图	工艺流程	要求	检测
1		检测毛坯尺寸及各面的位置误差，确定各面的研磨余量	保证 B、C、D 面的研磨余量在 0.007 ～ 0.01mm 之间	千分尺
2		粗、精研磨 B 面	保证图样垂直度要求，及研磨表面质量	百分表
3		粗、精研磨 C 面	保证图样平面度和平行度要求，及研磨表面质量	百分表
4		粗、精研磨 D 面	保证图样平面度和平行度要求，及研磨表面质量	百分表

（4）研磨质量评价见表 9.2-9。

表 9.2-9　研磨质量评分表

序号	评分项目	评分标准	配分	检测结果	得分
1	⊥ 0.01 A	超差不得分	10		
2	// 0.01 B	超差不得分	10		
3	// 0.01 A	超差不得分	10		
4	◇ 0.01	超差不得分	10		
5	◇ 0.01	超差不得分	10		
6	40mm±0.01mm	超差不得分	10		
7	60mm±0.01mm	超差不得分	10		
8	表面粗糙度值 $Ra0.4\mu m$（4 面）	升高一级不得分	20		
9	安全文明生产	违规不得分	10		
	合计		100		

项目10

矫正与弯形

【学习目标】

1. 掌握矫正与弯形的基本概念。
2. 了解矫正与弯形的基本方法。
3. 掌握条料、板料及棒料矫正的操作方法。
4. 掌握应用弯形工具对工件进行正确的弯形。

任务 10.1 矫　　正

一、任务目标

1）掌握矫正的概念。

2）了解矫正的基本方法。

3）掌握各种材料的矫正方法。

二、任务分析

对各种材料进行矫正，包括板料及型材扭曲矫正，板料弯曲矫正，棒料、轴类弯曲矫正，线料弯曲矫正，板料不平矫正。

三、任务相关知识点

为消除材料的弯曲、翘曲等缺陷而采取的操作方法称为矫正。

根据矫正时产生矫正力的方法可分为手工矫正、机械矫正、火焰矫正和高频热点矫正。钳工操作主要以手工矫正为主，并借助以下工具及方法：

1. 支撑和夹紧工具

支撑和夹紧工具是指用以支撑和夹紧矫正件的工具，如矫正平板、铁砧、台虎钳和 V 形架等。

2. 施力工具

施力工具是指用以对矫正件施加矫正力的工具，如各种锤子、抽条和拍板以及螺旋压力机等。

3. 手工矫正方法

手工矫正根据材料变形的类型常采用的方法有：扭转法、伸张法、弯形法、延展法。

四、任务实施

具体对各种材料的矫正过程及方法见表10.1-1。

表 10.1-1　各种材料的矫正过程及方法

矫正缺陷		矫正过程及方法	操作示图
板料及型材扭曲		采用扭曲法，用于矫正扁钢和角钢的型材的扭曲变形。一般操作过程是将扁钢、角钢等型材夹持在台虎钳上，用扳手把扁钢或角钢向变形的相反方向扭转到原来的形状	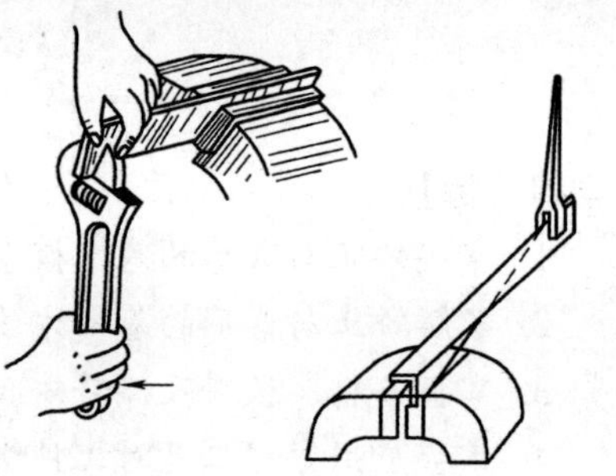
板料弯曲矫正	板料在厚度方向弯曲	采用弯曲法，操作过程是将板料在近弯曲处夹入台虎钳，然后在板料的末端用扳手朝相反方向扳动，使弯曲处初步直板；或将板料的弯曲处放在台虎钳钳口内，利用台虎钳夹紧初步把它压平，然后再放到铁砧上用锤子进一步矫正	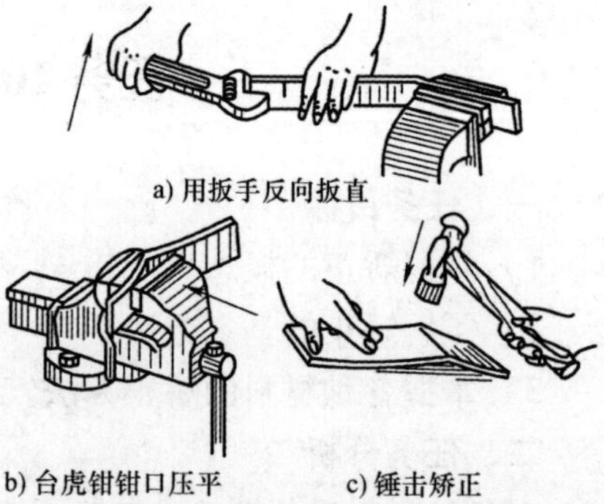 a) 用扳手反向扳直 b) 台虎钳钳口压平　c) 锤击矫正
	板料在宽度方向弯曲	采用延展法，操作过程是将板料的凸面向上放在铁砧上，锤打凸面，然后将板料平放在铁砧上，锤击弯曲内侧（图中弧内短线部分为锤击部位），经锤击后使这部分材料延展伸长而变直	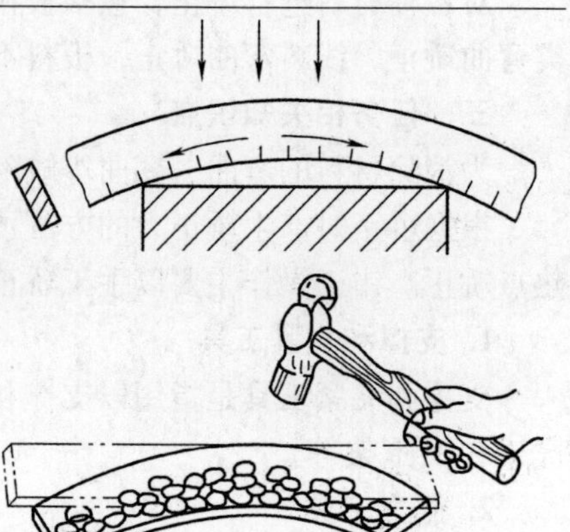

（续）

矫正缺陷		矫正过程及方法	操作示图
棒料、轴类弯曲矫正	细棒料弯曲	采用弯曲法，操作过程同板料在厚度方向的弯曲矫正，最后再沿棒料全长上轻轻锤击，进一步矫正	图略
	粗棒料及轴类弯曲	利用压力机弯曲法，操作过程是将轴或粗棒料架在两个 V 形架（两顶尖也可以）上，转动轴或粗棒料，找出弯曲处并做记号。矫正时将轴或棒料装夹到压力机上，使弯曲的凸起部位向上，让压力机压块压在轴或棒料的凸起部位上，使其恢复平直。矫正过程中边检查边矫正，直至符合要求	压力机矫直 粉笔划弯曲处
线料弯曲矫正		采用伸张法，操作过程是将线料一头固定，然后在固定端开始让线料绕圆木一周，紧握圆木向后拉，使线料在拉力作用下绕过圆木得到伸张矫正	
板料不平矫正	薄板中凸	采用延展法，操作过程是将薄板平放在铁砧上，使凸起朝上，用锤子锤击薄板，锤击位置从外到里，逐渐由重到轻，锤击点由密到稀，使材料延展，凸起部分自然消除，最后达到平整要求	 a) 正确　　　　b) 错误
	薄板四周波浪形	采用延展法，操作过程是将操作放在铁砧上，用锤子锤击薄板，锤击位置从里到外，逐渐由重到轻，锤击点由密到稀，多次反复锤击使材料延展，最后达到平整要求	

（续）

矫正缺陷		矫正过程及方法	操作示图
板料不平矫正	薄板对角翘曲	采用延展法，操作过程是将薄板放在铁砧上，用锤子锤击薄板，锤击位置应沿没有翘曲的对角线，经多次反复锤击使材料延展，最后达到平整要求	

任务10.2 弯 形

一、任务目标

1）掌握弯形的概念。

2）了解弯形的基本方法。

3）掌握应用弯形工具对工件进行正确的弯形。

二、任务分析

从图 10.2-1 中可以看出，该零件为圆柱压缩弹簧，需要通过 $\phi 4mm$ 钢丝弯形绕制而成。

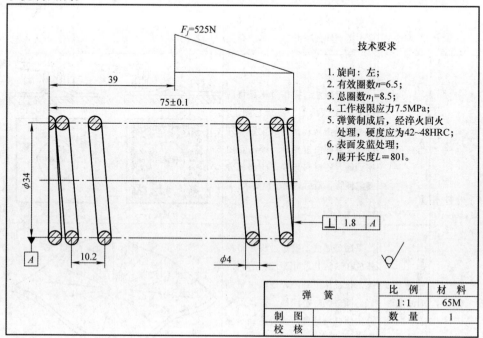

图 10.2-1 弹簧零件图

三、任务相关知识点

1. 概念

将各种坯料弯成所需形状的加工方法称为弯形。弯形是通过使材料产生塑性变形来实现弯形的目的的，因此只有塑性好的材料才能进行弯形。

2. 分类

（1）根据弯形时的温度不同可分为冷弯与热弯两种 冷弯是把材料在常温状态下进行弯曲成形；热弯则是将材料预热后进行的。

（2）根据加工手段的，不同弯形又可分为机械弯形与手工弯形两种，钳工是以手工弯形为主的。

3. 弯形坯料长度的计算

材料的弯形形式是多样的，如图 10.2-2 所示。根据材料不同的弯形形式，计算毛坯的长度也是不同的。

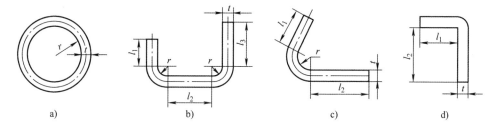

图 10.2-2 常见弯形形式

1）内边带圆弧的工件，其坯料长度尺寸等于直线部分长度（不变形部分）与圆弧中性层（弯形部分）之和。其中，圆弧部分中性层长度可按下面公式计算：

$$A = \pi(r + X_0 t)\alpha / 180$$

式中 A——圆弧部分中性层长度（mm）；

$\quad r$——弯形半径（mm）；

$\quad X_0$——中性层位置系数；

$\quad t$——材料厚度（mm）；

$\quad \alpha$——弯形角（°），即弯形中心角，如图 10.2-3所示。

2）当内边弯形成直角不带圆弧时，直角部分中性层长度可按下面的简化公式计算：

$$A = 0.5t$$

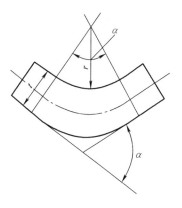

图 10.2-3 弯形角示意图

4. 弯形方法

（1）直角形工件弯形

1）板料在厚度方向上的弯形。对材料厚度在 5mm 以下的工件弯形，可直接在台虎钳上操作，如图 10.2-4 所示。

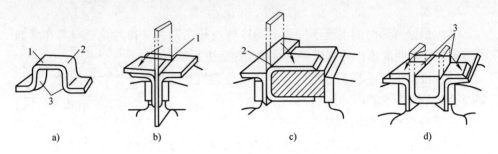

图 10.2-4　多直角工件的弯形过程

2）板料在宽度方向上的弯形。可利用金属材料的延伸性能，锤击弯形的外弯部分，使材料向相反方向逐渐延伸，达到弯形的目的，如图 10.2-5a 所示；较窄的板料可在 V 形铁或专用弯形模上锤击，使工件变形，如图 10.2-5b 所示；还可在专用弯形工具上进行弯形，如图 10.2-5c 所示。

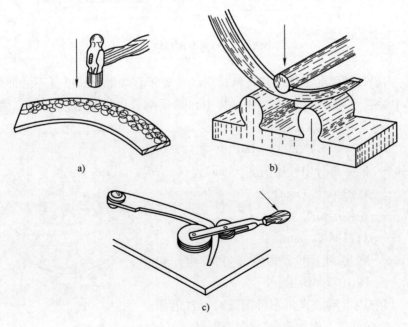

图 10.2-5　板料在宽度方向上的弯形

（2）圆弧形工件弯形　弯制圆弧形工件时，先在坯料上划好线，按划线位置将工件夹在台虎钳上，用锤子初步锤击成形，然后用半圆模修整，使其符合图样要求，如图 10.2-6 所示。

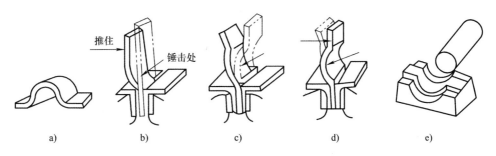

推住

锤击处

a)　　　　b)　　　　c)　　　　d)　　　　e)

图 10.2-6　圆弧形工件的弯形过程

（3）管件弯形　直径大于 12mm 的管子一般采用热弯，直径小于 12mm 的管子则采用冷弯。

弯形前，必须将管子内灌满干的沙子，两端用木塞堵住管口，防止弯形部位发生凹瘪。焊接管弯形时，应将焊缝放在中性层位置，以减小变形，防止焊缝开裂。手工弯管通常在专用工具上操作，如图 10.2-7所示。

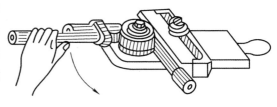

图 10.2-7　弯管工具

四、任务实施

（1）手工绕制弹簧加工过程见表 10.2-1。

表 10.2-1　弹簧加工过程

序号	加工步骤及说明	示意图
1	心棒直径的确定与准备：心棒直径应小于弹簧内径，其尺寸可用下面的式子计算得出：$$D_0 = (0.75 \sim 0.8)D_1$$ 式中　D_0——心棒直径（mm）；　　　D_1——弹簧内径（mm）。当弹簧内径与其他工件相配时，取大系数；当弹簧外径与其他工件相配时，取小系数	

（续）

序号	加工步骤及说明	示意图
2	坯料直径、长度的确定与准备：根据图样，直径 φ4mm，长度 > 801mm	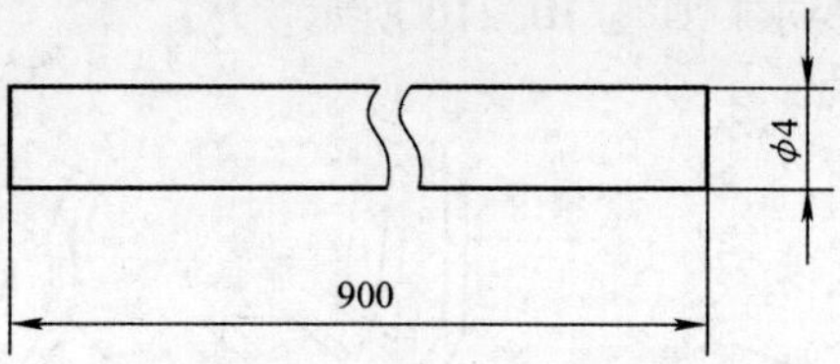
3	把钢丝一端插入心棒小孔或通槽内，通过转动绕簧心棒进行弹簧绕制，如右图所示，1 为钢丝，2 为心棒	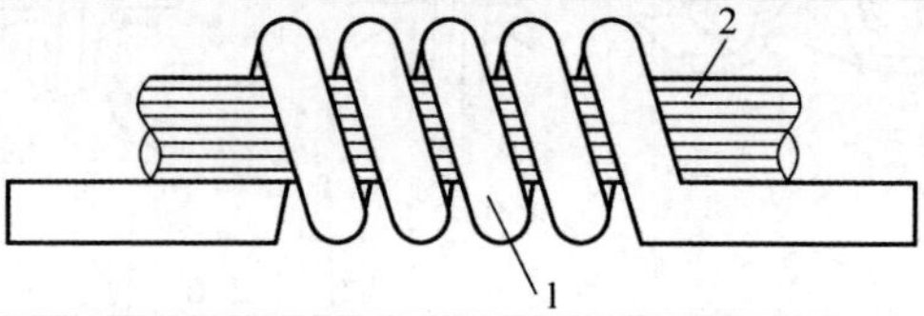
4	最后按弹簧长度尺寸要求截断，压平后修磨两端	

（2）评价见表 10.2-2。

表 10.2-2 弹簧质量评分表

序号	评分项目	评分标准	配分	检测结果	得分
1	φ34mm	超差不得分	20		
2	10.2mm	超差不得分	20		
3	自由时长度 75mm	超差不得分	10		
4	⊥ 1.8 A	超差不得分	20		
5	压缩后长度 39mm	超差不得分	20		
6	安全文明生产	违规不得分	10		
	合计		100		

装配件的加工

【学习目标】

1. 熟练掌握划线的操作。

2. 熟练掌握锯削和锉削的操作要领，并能达到一定的精度要求。

3. 进一步理解和掌握常用量具的测量方法及读数方法，并能熟练完成精密量具的测量。

4. 熟练掌握装配方法，并能达到一定的装配精度。

任务11.1　六方转位燕尾装配件加工

一、任务目标

1）熟练识读装配图，能正确分析装配关系。

2）熟练识读零件图，并按要求加工出零件。

3）熟练完成零件的装配，并达到一定的装配精度。

二、识读装配图（图11.1-1）

三、分析零件图

看图11.1-2～图11.1-5所示图样。

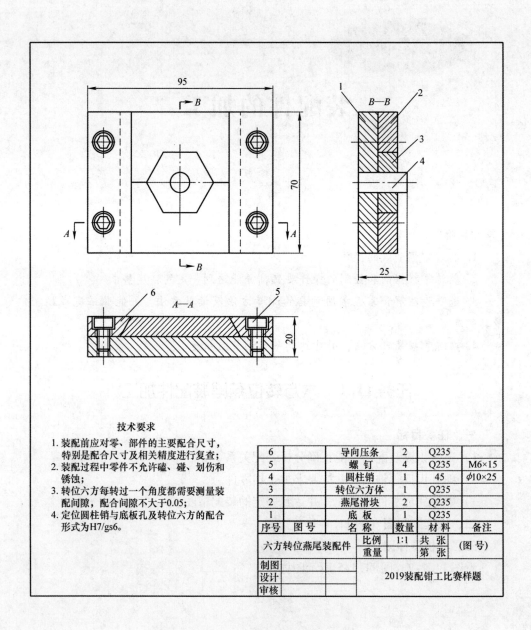

技术要求

1. 装配前应对零、部件的主要配合尺寸，特别是配合尺寸及相关精度进行复查；
2. 装配过程中零件不允许磕、碰、划伤和锈蚀；
3. 转位六方每转过一个角度都需要测量装配间隙，配合间隙不大于0.05；
4. 定位圆柱销与底板孔及转位六方的配合形式为H7/gs6。

6		导向压条	2	Q235	
5		螺 钉	4	Q235	M6×15
4		圆柱销	1	45	φ10×25
3		转位六方体	1	Q235	
2		燕尾滑块	2	Q235	
1		底 板	1	Q235	
序号	图号	名 称	数量	材料	备注

六方转位燕尾装配件		比例	1:1	共 张	(图号)
		重量		第 张	
制图			2019装配钳工比赛样题		
设计					
审核					

图 11.1-1 六方转位燕尾装配件装配图

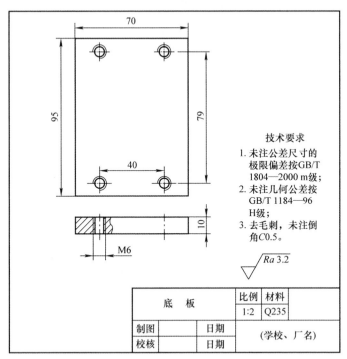

图 11.1-2　底板零件图

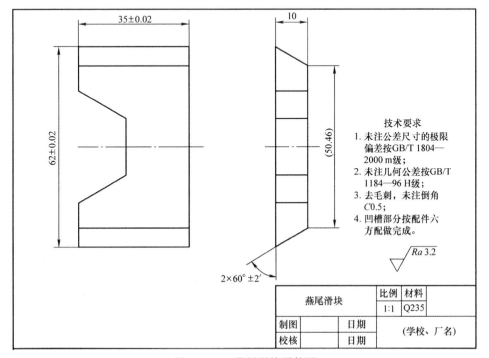

图 11.1-3　燕尾滑块零件图

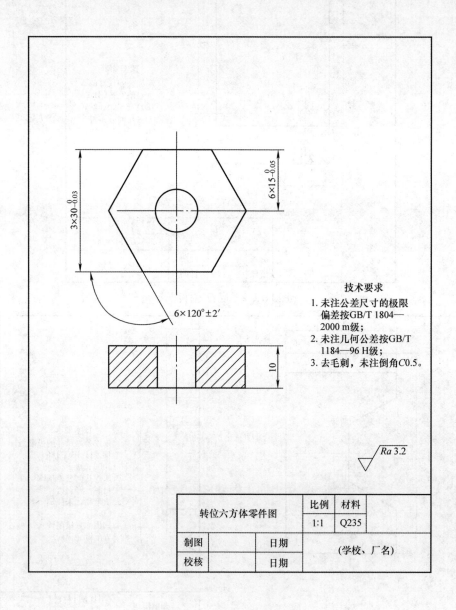

技术要求
1. 未注公差尺寸的极限
   偏差按GB/T 1804—
   2000 m级；
2. 未注几何公差按GB/T
   1184—96 H级；
3. 去毛刺，未注倒角C0.5。

$\sqrt{Ra\,3.2}$

转位六方体零件图	比例	材料
	1:1	Q235

制图		日期		(学校、厂名)
校核		日期		

图 11.1-4 转位六方体零件图

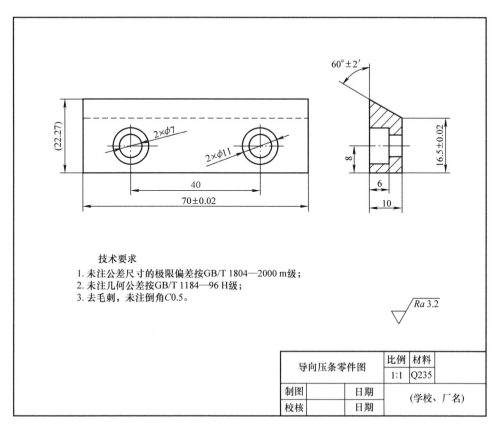

技术要求
1. 未注公差尺寸的极限偏差按GB/T 1804—2000 m级；
2. 未注几何公差按GB/T 1184—96 H级；
3. 去毛刺，未注倒角C0.5。

$\sqrt{Ra\,3.2}$

导向压条零件图	比例	材料
	1:1	Q235

制图		日期	（学校、厂名）
校核		日期	

图 11.1-5　导向压条零件图

任务11.2　燕尾滑块组合配件加工

一、任务目标

1）进一步熟练识读装配图，能正确分析装配关系。

2）进一步熟练识读零件图，并按要求加工出零件。

3）进一步熟练完成零件的装配，并达到一定的装配精度。

二、识读装配图（图11.2-1）

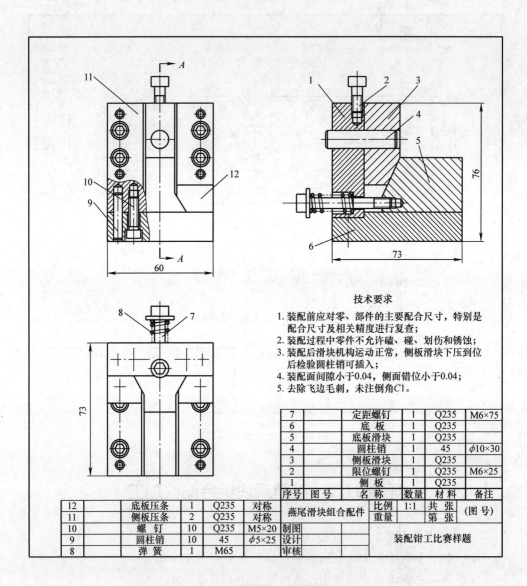

图 11.2-1　燕尾滑块组合配件装配图

三、分析零件图

看图 11.2-2 ~ 图 11.2-7 所示图样。

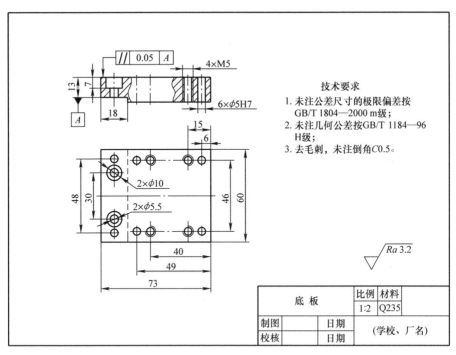

技术要求
1. 未注公差尺寸的极限偏差按
   GB/T 1804—2000 m 级;
2. 未注几何公差按 GB/T 1184—96
   H 级;
3. 去毛刺,未注倒角 C0.5。

底　板	比例	材料
	1:2	Q235
制图		日期		(学校、厂名)
校核		日期		

图 11.2-2　底板零件图

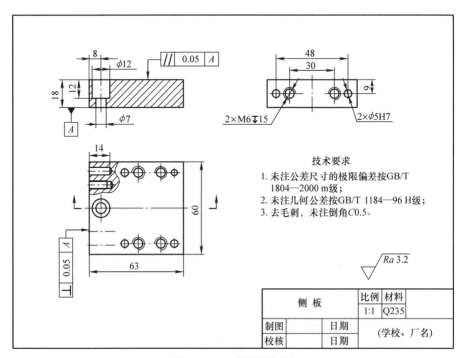

技术要求
1. 未注公差尺寸的极限偏差按 GB/T
   1804—2000 m 级;
2. 未注几何公差按 GB/T 1184—96 H 级;
3. 去毛刺,未注倒角 C0.5。

侧　板	比例	材料
	1:1	Q235
制图		日期		(学校、厂名)
校核		日期		

图 11.2-3　侧板零件图

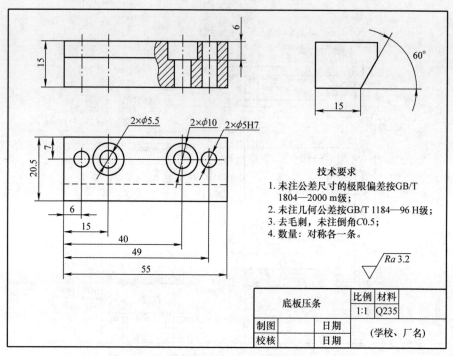

图 11.2-4　底板压条零件图

技术要求
1. 未注公差尺寸的极限偏差按GB/T 1804—2000 m级；
2. 未注几何公差按GB/T 1184—96 H级；
3. 去毛刺，未注倒角C0.5；
4. 数量：对称各一条。

底板压条	比例	材料
	1:1	Q235
制图	日期	(学校、厂名)
校核	日期	

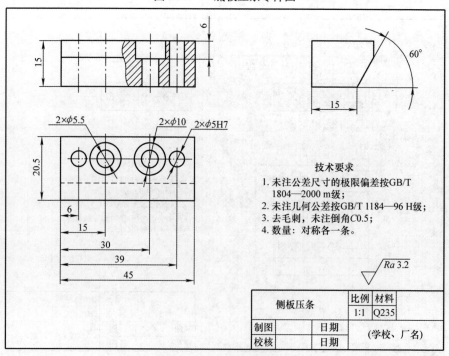

图 11.2-5　侧板压条零件图

技术要求
1. 未注公差尺寸的极限偏差按GB/T 1804—2000 m级；
2. 未注几何公差按GB/T 1184—96 H级；
3. 去毛刺，未注倒角C0.5；
4. 数量：对称各一条。

侧板压条	比例	材料
	1:1	Q235
制图	日期	(学校、厂名)
校核	日期	

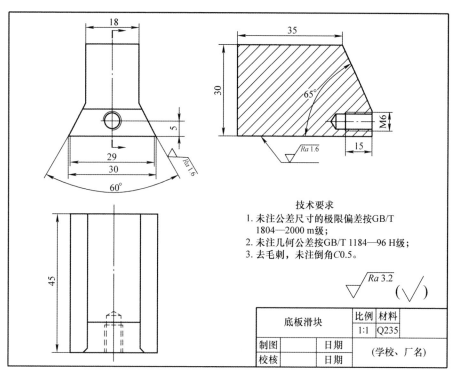

技术要求
1. 未注公差尺寸的极限偏差按GB/T
   1804—2000 m级；
2. 未注几何公差按GB/T 1184—96 H级；
3. 去毛刺，未注倒角C0.5。

$\sqrt{Ra\,3.2}$ ($\sqrt{}$)

底板滑块	比例	材料
	1:1	Q235
制图	日期	
校核	日期	（学校、厂名）

图 11.2-6　底板滑块零件图

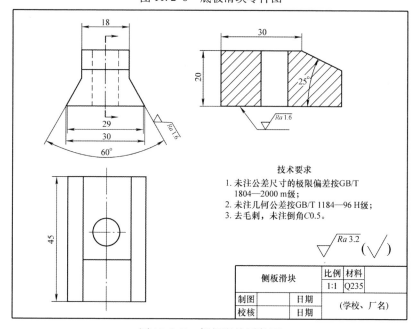

技术要求
1. 未注公差尺寸的极限偏差按GB/T
   1804—2000 m级；
2. 未注几何公差按GB/T 1184—96 H级；
3. 去毛刺，未注倒角C0.5。

$\sqrt{Ra\,3.2}$ ($\sqrt{}$)

侧板滑块	比例	材料
	1:1	Q235
制图	日期	
校核	日期	（学校、厂名）

图 11.2-7　侧板滑块零件图

参 考 文 献

[1] 徐斌. 钳工项目训练教程 [M]. 北京：高等教育出版社，2011.

[2] 钟翔山. 图解钳工入门与提高 [M]. 北京：化学工业出版社，2015.

[3] 谢增明. 钳工技能训练 [M]. 4 版. 北京：中国劳动社会保障出版社，2005.

[4] 蒋增福. 机修钳工技能训练 [M]. 2 版. 北京：中国劳动社会保障出版社，2005.